兰州大学211工程建设项目成果

民族地区生态环境安全研究

——以甘南藏族自治州为例

胡　珀/著

中国社会科学出版社

图书在版编目（CIP）数据

民族地区生态环境安全研究/胡珀著 . —北京：中国社会科学出版社，2011. 12

ISBN 978 - 7 - 5161 - 0373 - 9

Ⅰ. ①民…　Ⅱ. ①胡…　Ⅲ. ①民族地区—生态环境—环境保护—研究—中国　Ⅳ. ①X321. 2

中国版本图书馆 CIP 数据核字（2011）第 259795 号

策划编辑	冯春凤
特约编辑	张晓秦　石晓芳
责任校对	张玉霞
封面设计	回归线视觉传达
版式设计	王炳图

出版发行	中国社会科学出版社	出版人	赵剑英
社　　址	北京鼓楼西大街甲 158 号	邮　编	100720
电　　话	010 - 84029451（编辑）　64058741（宣传）　64070619（网站）		
	010 - 64030272（批发）　64046282（团购）　84029450（零售）		
网　　址	http://www.csspw.cn（中文域名：中国社科网）		
经　　销	新华书店		
印　　刷	北京君升印刷有限公司	装　订	廊坊市广阳区广增装订厂
版　　次	2011 年 12 月第 1 版	印　次	2011 年 12 月第 1 次印刷
开　　本	710 × 1000　1/16		
印　　张	14. 5	插　页	2
字　　数	220 千字		
定　　价	45. 00 元		

目　录

导　　论

一　国内外研究现状

人类的生存必然要依靠生态环境。随着人类的发展进步，其对生态环境的直接依靠也越来越少。人类对生态环境由最初的恐惧、崇拜到通过科技来征服。人类活动带来了人类的发展，也带来了生态环境安全问题的产生。20世纪70年代以来，我国在生态环境治理方面进行了大量的努力工作，取得了巨大的成就；但就总体而言，对生态环境的破坏也从未中断过。这种边治理边破坏，破坏大于治理的现象表明，我国有关生态环境安全建设中的制度安排和发展战略措施存在严重缺陷。进行生态环境安全研究，对于解决我国生态建设中的安全、效益、和谐、可持续发展等问题，构建和完善相关生态环境安全制度和措施有着重要的理论和实践意义。

我国少数民族主要聚居在西北、西南和东北三大区域，少数民族分布地区占全国土地总面积的57%，而少数民族人口仅占全国总人口的8.41%。[①] 由于我国少数民族地区多数地处山地和高原区，自然条件相对恶劣，生态环境比较脆弱，加之近年来少数民族地区居民环保意识的弱化，自然资源的不合理开发、利用和人为地破坏环境，以及农耕经济和游牧经济向工业经济的转变，使得我国少数民族地区生态环境呈现出严重恶化趋势；因此，少数民族地区生态环境安全的研究对于改善、保护少数民族地区生态环境，创建符合少数民族地区社会发展需要的生态环境有着重要的理论和实践意义。

---

① 中华人民共和国国家统计局：《2000年第五次全国人口普查主要数据公报（第二号）》，http://gov.ce.cn/home/gwygb/2001/14/200606/08/t20060608_7266865.shtml，2006年6月8日。

（一）国外研究现状

人们对生态环境问题的研究由来已久，有的是专题性研究，有的是综述性的。而对生态环境安全进行的研究则相对更晚些。

1. 20 世纪 70 年代美国环境专家莱斯特·R. 布朗将环境问题引入国家安全概念，布朗在《重新定义国家安全》的报告中对国家安全的实践提出了质疑，认为国家安全应当包括生态环境安全问题。[1]

2. 20 世纪 80 年代，诺曼·迈尔斯（Norman Myers）明确地提出，安全思维应该把环境问题整合进来。他认为，环境的退化会引起暴力的冲突："如果一个国家的环境基础被耗尽，它的经济将会衰退，它的社会结构将会恶化，它的政治结构将变得不稳定。最终的结果将是冲突与战争。"[2]

3. 20 世纪 90 年代之后有更多的学者对此进行研究，并且研究得更深更细，杰西卡·马休斯明确地主张应该扩展国家安全的定义，使其包括资源、生态环境、民族和人口等多方面的安全问题。[3]

4. 迄今为止，国外对我国民族地区生态环境安全的研究并不多见，研究成果甚少。

（二）国内研究现状

自 20 世纪 60 年代以来，我国学术界开始从不同学科展开对生态环境安全（包括民族地区生态环境安全）的研究，这些研究可分为三类：

1. 对生态环境安全的宏观研究。如曲格平从 1972 年以来，一直致力于环境宏观管理、环境政策以及生态安全问题的研究。樊根耀结合制度经济学、信息经济学和博弈论理论对生态环境安全治理制度的理论体系进行了全面的分析研究。

2. 对生态环境安全与资源利用机制进行的研究。如潘家华对环境资

---

① Lester R. Brown. "Redefining National Security," World watch Paper; No. 14, 1997: 40—41.

② Norman Myers, "The Environment Dimension to Security Issues," The Environ – mentalist; Vol. 6, No. 4: 251.

③ Jessica. Tuchman. Mathews, "Redefining Security," Foreign Affairs, Vol. 68, 1989.

源的价值原理、环境保护与治理途径以及环境资源的配置等问题进行了精辟的经济学分析。

3. 对生态环境安全微观制度的研究。如樊胜岳对西北地区荒漠化治理中的制度创新进行研究。常云昆对现行黄河水权制度的缺陷以及水权制度的创新都进行了深刻的分析，提出了有针对性的政策建议。

从民族学领域来看，国内学者对我国民族地区生态环境安全的研究多集中于"对生态环境制度与相关民族学问题的研究"，如宋蜀华先生对"民族地区生态环境安全与传统文化关系的研究"，[①] 徐黎丽教授对"西北少数民族地区生态环境安全与民族关系的研究"，[②] 曾煜、袁慧玲、许才明对"中国共产党民族地区生态观的研究"，[③] 田孟清对"生态环境安全与小康社会建设的研究"，[④] 刘萍对"西部大开发中民族地区生态环境保护的研究"[⑤] 等。

(三) 我国民族地区生态环境安全研究的不足之处

1. 我国民族地区生态环境安全研究缺乏民族学基本理论的支持，将民族地区生态环境安全与相关民族学问题分离，忽视了民族地区的特殊情况，单纯运用环境学理论对民族地区生态环境安全进行研究，不利于研究成果在民族地区的适用。

2. 我国民族地区生态环境安全研究受西方环境研究的影响，侧重于环境保护研究，对生态环境的改善、以恢复为目的的治理活动研究重视不够。

3. 现有的民族地区生态环境安全的研究往往侧重于某一种生态问题

---

① 宋蜀华：《论中国的民族文化、生态环境与可持续发展的关系》，载《贵州民族研究》2002 年第 4 期。

② 徐黎丽：《论西北少数民族地区生态环境与民族关系问题》，载《西北民族研究》2004 年第 4 期。

③ 曾煜、袁慧玲、许才明：《科学发展观与生态文明建设》，载《甘肃社会科学》2004 年第 6 期。

④ 田孟清：《试论民族关系的调节方式及其选择》，载《新疆社会经济》2001 年第 1 期。

⑤ 刘萍：《西部大开发中民族地区生态环境保护与建设》，载《社科纵横》2002 年第 1 期。

的分析及治理措施的研究，如荒漠化治理、水资源合理利用等，缺乏对一些生态环境恶劣地区进行综合治理、同时实现经济和生态环境的良性循环的制度创新研究。

4. 现有的民族地区生态环境安全的研究往往侧重于某一种生态环境安全制度研究，缺少对民族地区生态环境安全状况的综合研究。

二　研究意义

1. 民族地区生态环境安全是民族学研究中的一项重要问题。对民族地区生态环境安全的研究有利于拓宽民族学研究的领域，丰富民族学研究的内容，充实民族学研究的理论基础。

2. 民族地区生态环境安全问题是构建民族地区和谐社会、环境友好型社会和实现民族地区小康社会中迫切解决的问题之一，妥善地解决民族地区生态环境安全问题直接关系到国家稳定、民族团结和社会各阶层利益协调等重大问题。

3. 对民族地区生态环境安全进行研究并提出符合民族地区实际情况的发展战略措施，可为国家民族政策的制定提供可靠的理论基础，实现民族政策制定的科学性。

4. 对民族地区生态环境安全进行研究并提出符合民族地区生态现状的制度设计和建议，为国家实现民族地区生态环境改善、恢复和保护提供相应的制度保障。

5. 对民族地区生态环境安全进行研究并提出相关可行性意见和建议，有利于国家民族政策在民族地区的实施和落实。

三　研究思路和方法

（一）研究思路

1. 研究生态环境安全的基本内涵和构成，掌握生态环境安全的基本理论。

2. 从宏观角度讨论民族地区生态环境安全与民族社会发展间的关系，

运用科学发展观、构建社会主义和谐社会等理论分析民族地区生态环境安全在民族社会发展中的重要地位。

3. 从微观角度讨论民族地区生态环境安全与相关民族学问题的联系，运用民族学相关理论，探讨民族地区生态环境安全与民族地区经济发展、民族传统文化保护、少数民族权利保障、民族区域自治等问题间的密切联系，提出研究民族地区生态环境安全的必要性。

4. 通过社会调查，掌握甘南藏族自治州生态环境现状并作相应评价，进而从自然地理、社会、人为和制度因素等方面分析甘南藏族自治州生态环境恶化的原因。

5. 从宏观角度研究实现甘南藏族自治州生态环境安全的战略措施，运用可持续发展、循环经济发展模式、绿色 GDP 核算体系和区域生态环境安全预警防范等理论提出符合甘南藏族自治州生态环境现状的具体战略措施。

6. 从微观角度研究实现甘南藏族自治州生态环境安全的制度创新，根据上述理论提出符合实现甘南藏族自治州生态环境安全战略措施要求的具体制度创新，包括经济、行政管理和法律等方面的制度创新建议。

（二）研究方法

运用田野调查、历史文献研究、比较研究、经济分析等方法对甘南藏族自治州生态环境安全问题进行研究。

1. 田野调查。该方法主要运用于甘南藏族自治州生态环境安全现状方面的研究工作，通过对甘南藏族自治州的草地"三化"、水资源环境、森林资源、水土流失等问题的调查，探讨甘南藏族自治州生态环境恶化的主要原因，为制定生态环境安全战略措施和提出相关制度完善建议提供第一手资料。

2. 历史文献研究。该方法主要运用于从历史角度探寻甘南藏族自治州生态环境安全现状的形成原因，通过历史文献的检索，发现生态环境恶化的历史原因，吸取历史经验和教训，为生态环境安全战略措施的制定和相关制度的完善提出合理化建议奠定理论基础。

3. 比较研究。生态环境安全研究涉及民族学、社会学、历史学、管理学、经济学、法学等多学科部门，该方法主要运用于从上述多学科部门研究角度分析甘南藏族自治州生态环境安全恶化的多方面原因，为相关战略措施的制定和制度完善提出综合性意见。

4. 经济分析。生态环境安全研究的最根本目的是为社会发展奠定良好的物质环境基础，生态环境的优劣直接影响到社会成员的利益得失。该方法结合相关经济学理论重点对甘南藏族自治州生态环境安全的制度安排进行分析，提出符合社会发展基本要求和少数民族利益的制度完善意见。

四　本书的主要观点和结构

本书主要运用民族学、社会学、经济学等相关学科理论，以甘南藏族自治州生态环境为研究对象，采用田野调查方法对甘南藏族自治州生态环境现状进行实地调查，发现该地区生态环境恶化的地理、社会和人类活动原因；采用历史文献检索方法，探寻甘南藏族自治州生态环境现状形成的历史原因；采用比较研究和经济分析方法，分析甘南藏族自治州现行生态环境制度缺陷，认为甘南藏族自治州在生态环境安全方面存在的诸多问题，主要缘于生态环境安全制度的缺陷和战略措施的不合理，进而从经济、行政管理和法律制度方面提出可行的完善建议，从可持续发展、实行循环经济发展模式、推行绿色 GDP 核算体系和建立区域生态环境安全的预警防范系统方面提出合理的战略措施。全文结构如下：

第一章，生态环境安全基本理论。该部分系统介绍了生态环境安全的产生和发展、生态环境安全的特征和研究生态环境安全的基本理论，剖析了生态环境安全的含义和构成。

第二章，民族地区生态环境安全与民族社会发展——以甘南藏族自治州为例。该部分运用民族学、社会学、经济学等相关学科理论，重点探讨了民族地区生态环境安全与科学发展观、构建民族地区和谐社会、建设环境友好型民族社会、全面建设民族地区小康社会等理论问题，并对民族地区生态环境安全与民族地区经济发展、民族传统文化保护、少数民族权利保障、民族区域自治等实践问题进行了理论分析。

第三章，甘南藏族自治州生态环境安全现状及其原因分析。该部分采用田野调查方法对甘南藏族自治州生态环境安全现状进行实地调查，分析了甘南藏族自治州的草地"三化"、水资源环境、森林资源、水土流失等生态环境问题的人口、贫困、经济发展模式、人类活动、制度安排等多方面原因。

第四章，甘南藏族自治州生态环境安全制度完善建议。该部分采用比较研究和经济分析方法，针对甘南藏族自治州生态环境现状安全及其产生原因，从制度安排角度提出了建立和完善甘南藏族自治州生态建设激励机制、生态效益补偿、生态资源市场化等相关经济制度；建立以生态环境安全规划、自然资源的规划和综合利用、生态环境监测为主要内容的甘南藏族自治州行政管理制度；完善生态环境安全税收、自然资源的有偿使用、生态移民等法律制度。

第五章，甘南藏族自治州生态环境安全战略措施。该部分从宏观角度研究实现甘南藏族自治州生态环境安全的战略措施，主张形成以可持续发展、循环经济发展模式、绿色 GDP 核算体系和区域生态环境安全预警防范为主要内容的甘南藏族自治州生态环境安全战略措施。

第一章　生态环境安全基本理论

第一节　生态环境安全概述

生态环境是人类赖以生存的自然支持系统，作为非传统安全组成部分的生态环境安全，是人类最基本的生存条件和最基本的安全问题。随着人口的剧增和社会经济的发展，人类活动对生态环境的压力不断增大，生态环境问题和生态破坏及其引发的环境灾害和生态灾害已经威胁到区域发展、国家安全和社会稳定，人们迫切地感受到生态环境安全的危机对经济发展所带来的重大影响。因而，保证生态环境安全成为国家安全的重要组成部分，是经济安全、政治安全和军事安全的基础。生态环境安全也因此成了人们关注的焦点之一，国内外诸多学者都对生态安全问题做了大量深入的研究工作。

一　生态环境安全的内涵

（一）生态环境安全的产生和发展

生态安全的提出有其深厚的历史背景。随着环境污染的日趋加重，人类开始反思现代工业文明在带来巨大财富的同时，带来巨大经济增长负效应对人类命运的影响，认识到石化燃料作为能量来源的现代工业体系是造成当代环境问题的根源之一，工业发展进程越快，环境问题就越严重，对各类生态系统的威胁也就越严重。因此，关于生态环境安全的研究应时而生。

1948 年 7 月 13 日，联合国教科文组织的 8 名社会科学家共同发表《社会科学家争取和平的呼吁书》，提出以国际合作为前提，在全球范围内进行实际的科学调查研究，解决现代若干重大问题，这被认为是现代国际环境安全研究的先声。随后的 1977 年，美国世界观察研究所所长莱斯特·R. 布朗在他的《建设一个持续发展的社会》一书中，就对环境安全进行了专门阐述，并在此基础上提出了国家安全的新内涵。1972 年，联合国人类环境会议在斯德哥尔摩召开，大会通过的《人类环境宣言》向全球呼吁："在我们人类决定世界各地的行动时，必须更加谨慎地考虑它们对环境产生的后果。"由于无知或不关心，我们可能给生活或幸福所依靠的地球环境造成无法挽回的损失。① 20 世纪 80 年代，联合国世界环境与发展委员会提交了《我们共同的未来》的报告，该报告在系统分析了人类面临的一系列重大经济、社会、环境问题之后，提出了"可持续发展"概念，并在报告中首先正式使用了"环境安全"一词，并深刻指出："在过去的经济发展模式中，人们关心的是经济对生态及环境带来的影响，而现在，人类还迫切地感受到生态的压力对经济发展所带来的重大影响与存在的安全性问题。"② 在这期间及以后，人们对生态环境安全的关注程度不断加深，有关研究也得到普遍重视。

随着生态环境的进一步恶化，环境安全与国家安全的联系越来越紧密，越来越多的国家和国际组织开始参与讨论，美国、英国、德国、加拿大等西方国家积极参与讨论，欧洲安全与合作组织、欧盟、联合国环境规划署以及斯德哥尔摩国际和平研究所等研究机构和国际组织也积极加入讨论，与此同时还产生了国家生态安全法问题研究，一批具有代表性的研究报告和论述，如加拿大的《环境、短缺和暴力》、德国的《环境与安全：通过合作预防危机》陆续产生。随着讨论的进一步深入，在国家范围内，参与讨论的部门除了最初的研究单位以外，还延伸到主要包括环境、外交、国防等部门，并将环境安全问题与国家利益直接挂钩，使其上升到国

---

① 联合国人类环境委员会：《人类环境宣言》（1972 年斯德哥尔摩人类环境会议通过），http：//www. eedu. org. cn/Articie/es/envir/edevelopment/200506/8778. html，2005 年 6 月 15 日。

② 联合国世界与环境发展委员会：《我们共同的未来》，http：//www. sznews. com/zhuanti/content/2008‑10/30/content_ 3341837. htm，2008 年 10 月 30 日。

家战略的高度。例如，1991 年 8 月，美国公布了新的《国家安全战略报告》，首次将环境安全视为其国家利益的组成部分。

在我国，2000 年国务院制定的"全国生态环境保护纲要"强调，生态保护必须"以实施可持续发展战略和促进经济增长方式转变为中心，以改善生态环境质量和维护国家生态环境安全为目标"。国家环保总局在"全国环境保护工作（1998—2002）纲要"中提出了"保障国家环境安全问题"。2000 年，中国科学技术协会年会上，"环境安全"问题成为热点问题。目前，我国对这一问题的研究正在不断地深化，针对新的环境安全问题，国家已经或正在制定一系列新的环境安全法规，使环境安全逐步上升到一个新的法治阶段。

（二）生态环境安全的含义

通常来说，安全是指主体存在的一种不受威胁、没有危险的状态，是危险的反函数。安全是人类基本需要中最基本的一种需求。生态环境安全是环境领域与安全领域交叉而形成的新概念，这一概念的提出反映了人类对由生态问题引起的安全问题以及安全问题所涉及的生态问题的深切关注，它拓展了生态观和安全观的内涵。目前，国内外许多学者从不同角度对生态安全的基本概念和内涵进行了阐述，但关于生态安全，还没有一个统一的定义。

通常情况下我们认为，生态安全可以有广义和狭义两种理解和定义。广义的生态安全包括生物细胞、组织、个体、种群、群落、生态系统、生态景观、生态地理区、陆地、海洋生态及人类生态。[①] 只要其中的某一生态层次出现损害、退化、胁迫，都可以说是其生态安全处于危险状态，即生态不安全。狭义的生态安全专指人类生态系统的安全，即以人类赖以生存的生态或生态条件的安全为思考主体。从生态安全的本质讲，认为生态安全是围绕人类社会的可持续发展的目的，促进经济、社会和生态三者之间和谐统一，由生物安全、生态环境安全和生态系统安全这几方面组成的

---

① 陈国阶：《论生态安全》，载《重庆环境科学》2002 年第 3 期。

安全体系。生物安全和环境安全构成了生态安全的基石，生态系统安全构成了生态安全的核心。没有生态安全，系统就不可能实现可持续发展。生态安全具有战略性、整体性、区域性、层次性和动态性的特点，它既是区域可持续发展所需要追求的目标，同时又是一个不断发展的过程体系。

　　本文中的生态环境安全的含义是以狭义的生态安全理论来界定的。因为广义的生态安全，即生物（微生物、植物、动物）生态安全，在传统的生态学中已多有论述；生物的生态危害主要通过生态恢复与重建来克服，这也已成为普通生态学的重要内容，此处也不再赘述。

　　按照上述理解，生态环境安全是指人类赖以生存的生态与环境，包括聚居区、区域、国家乃至全球，不受生态条件、状态及其变化的胁迫、威胁、危害乃至毁灭，并能处于正常的生存和发展状态。"换句话说，生态环境安全是人类生存环境处于健康可持续发展的状态。生态环境安全的对立面是生态破坏、生态压迫、生态灾难，是生态环境存在的状态或变化偏离人类生存和发展必备条件或容忍，对区域、国家的发展造成障碍、威胁，甚至招致生命的损亡，社会经济的崩溃或严重破坏等。"①

　　按照这样的理解，我们可以进一步分析得出生态环境安全具有以下丰富的内涵：

　　1. 生态环境安全是一个相对的概念。没有绝对的安全，只有相对安全，生态安全由众多因素构成，其对人类生存和发展的满足程度各不相同，生态安全的满足也不相同。若用生态安全系数来表征生态安全满足程度，则各地生态安全的保证程度可以不同。因此，生态安全可以通过建立起反映生态因子及其综合体系质量的评价指标，来定量地评价某一区域或国家的安全状况。

　　2. 生态环境安全是人类生存环境或人类生态条件的一种状态，是一种必备的生态条件和生态状态。也就是说，生态安全是人与环境关系过程中，生态系统满足人类生存与发展的必备条件。

---

　　①　陈国阶：《论生态安全》，载《重庆环境科学》2002 年第 3 期。

3. 生态环境安全具有一定的空间地域性质。由于导致全球、全人类生态灾难不是普遍的，生态安全的威胁往往具有区域性、局部性，这个地区不安全，并不意味着另一个地区也不安全。

4. 生态环境安全是一个动态概念。一个要素、区域和国家的生态安全不是一劳永逸的，它可以随环境变化而变化，即生态因子变化，反馈给人类生活、生存和发展条件，导致安全程度的变化，甚至由安全变为不安全。

5. 生态环境安全强调以人为本。生态环境安全或不安全的标准是以人类所要求的生态因子的质量来衡量的，影响生态安全的因素很多，但只要其中一个或几个因子不能满足人类正常生存与发展的需求，生态安全就是不及格的。也就是说，生态安全具有生态因子一票否决的性质。

6. 维护生态环境安全需要成本。也就是说，生态环境安全的威胁往往来自于人类的活动，人类活动引起对自身环境的破坏，导致生态系统对自身的威胁，解除这种威胁，人类需要付出代价，需要投入，这应计入人类开发和发展的成本。

7. 生态环境安全可以调控。不安全的状态、区域，人类可以通过整治，采取措施，加以减轻，解除环境灾难，变不安全因素为安全因素。

8. 保证人类基本生存所需条件是生态环境安全的第一层次，保证国家及人类社会可持续发展是生态安全的第二层次。同时，生态环境安全具有不同的地域范围，如全球生态环境安全、国家生态环境安全、地区与区域的生态环境安全等。

二　生态环境安全的特征

（一）全球性

随着全球经济一体化过程的加快，生态环境安全也变得更具有全球性特点。温室效应、生物多样性的减少、大气污染、沙尘暴、海洋污染、外来生物入侵及土地荒漠化等生态问题都已成为全球性的生态环境安全问题，只要一个国家出现生态环境安全问题，周边国家的环境生态就会变得不安全。从这个意义上讲，生态环境安全问题已不是一个国家的问题，而是关乎着多数国家甚至全世界的问题，只有全世界共同联合起来解决生态环境安全问题，我们的地球家园才能变成安全的"绿色"家园。

（二）不可逆性

自然界和生态环境是一个循环系统，而人类生产过程中的资源消耗都是直线上升的，以至于一些自然资源发生了不可逆转的变化。在人类社会的早期，人类的生产和生活也同样给自然环境带来影响，存在生态环境安全的隐患；但是，通过自然界的自我恢复能力，能够维持生态平衡。时至今日，人类在自然界活动的范围和力度今非昔比，对自然的影响力度之大，影响范围之广是自然界的自我恢复能力无力挽回的。任何一个生态系统的环境支撑能力都有一定限度，一旦超过其自身修复的限度，往往造成不可逆转的后果。

（三）不确定性

生态环境的恶化所产生的影响具有不确定性。每个国家的气候、经济发展状况、地理位置、人口、生态现状等都是不同的，而由生态恶化所导致的生态环境安全问题又会受到不同因素的作用。这就决定了由生态恶化对不同的国家或地区产生的影响具有不确定性的一面，同样的生态环境恶化所产生的社会后果在不同的国家或地区就可能不尽相同。

（四）潜在性

由于人类活动所造成的环境问题并不具有较快的反应性，除排放高污染度物质污染环境直接造成人体健康或生物损害的情况，大多数环境损害都是在渐进中发生的，有的还需要经过"生物富集"或"二次污染"才能发生。同时，由于生物圈内能量的流动要通过食物链或食物网来进行，许多有害污染物质也会随着这些链或网在环境中不断地流动并蓄积于环境和生物体之中，当这些污染物质蓄积到一定程度时便会对环境、生物以及人类造成危害。那时，即使人类停止一切有害于环境的活动，被蓄积的污染物质还会不断缓慢地释放出来。[1]

---

[1]　陈国阶：《论生态安全》，载《重庆环境科学》2002 年第 3 期。

（五）外部性

由于行为主体在生态环境上的行为会给他人带来收益或损害，这种收益或损害就是外部性。对生态环境安全有益，称为正外部性；对生态环境安全有害，称为负外部性。

（六）综合性

生态环境安全已融入国际政治、经济及外交等各个领域，已成为全球性的综合性问题。同时，作为一个系统，生态环境安全是由社会环境、技术、经济等因素组成的大协调系统，它受到许多因素的影响，各种因素可使生态环境系统的发展规律发生不同的变化甚至毁灭，它的发展是综合性的。

（七）需求性

根据需求层次理论，安全需要是人类基本需要中的一种，也是人类本能的一种要求。当一个人的生理需要（即维持人类自身生存的衣食住行等）得到一定满足后，安全的需要就上升到主要位置，而环境则是人类赖以生存的基础，破坏、损害人类生存与活动所依赖的自然支持，也就直接危害人类的生命和健康，所以环境安全是人类的基本需求。

第二节 生态环境安全的构成

生态环境安全是人类赖以生存发展的环境处于一种不受污染和破坏的安全状态。它不是仅以人类的安全、生存、繁衍为中心，而是把人类和地球上其他生物放在平等的位置，保障地球上所有生物的安全生存、繁衍环境所应处的状态，也就是整个地球生态系统的安全。它包括自然资源安全、生态系统安全以及人文社会系统安全等。

一 自然资源安全

自然资源安全是指自然资源的数量和质量对人类社会的影响。联合国环境规划署把自然资源定义为"在一定时间和地点条件下，能够产生经济价值以提高人类当前和将来福利的自然环境因素总称"。按性质，自然资源分为可再生资源和不可再生资源；按地理特征，分土地资源、水资源、生物资源、矿产能源资源等。人类的发展必须依靠自然资源，任何一种自然资源的变化都会影响该区域的生态环境安全。

（一）土地资源安全

在自然资源安全中，首先是国土安全。其主要的安全问题是水土流失、土地退化和荒漠化。我国生态系统呈现由结构性破坏到功能性紊乱演变的发展态势，国土流失、受侵蚀的范围在扩大，程度在加剧，危害在加重。国土流失、侵蚀如果得不到有效遏制。随着经济开发强度的增加，生态退化趋势将进一步加快，自然灾害将更加频繁，社会经济的可持续发展能力将持续削弱，国家的生态安全将为此受到更为严重的威胁。

（二）水资源安全

自然资源安全的另一个重要内容是水环境资源安全。水作为人类生存与发展的重要生态条件，已制约着我国社会经济的发展和人居环境的安全。其主要的安全问题是地下水、江河、湖泊和海洋污染，以及资源性缺水和污染性缺水。我国北方严重缺水，对国民经济的发展已构成威胁；黄河断流对下游的社会经济造成难以估量的损失；广大山区饮水困难，直接威胁着人畜生存；许多河流、湖泊的污染，不仅妨碍工农业发展，妨碍吸引外来投资，而且直接影响河流和湖泊周边地区饮用水的安全。

（三）生物资源安全

生物资源安全主要强调生物多样性和生物入侵。生物多样性是生物及其与环境形成的生态复合体以及与此相关的各种生态过程的总和，它包括数以千百万计的动物、植物、微生物和它们所拥有的基因以及它们与生存环境形成的复杂的生态系统。通常被认为有四个层次，即遗传、物种、生态系统和景观多样性。生物多样性的保护有利于维护生态系统的完整性，保持生物圈的稳定性，从而有利于生态环境安全的维护。生物多样性还为人类的生存和发展提供足够的产品和服务，是生态环境安全状况的重要指标。而生物安全的最大威胁是生物入侵。生物入侵是指外源性生物（包括微生物、植物、动物）进入本土，种群迅速蔓延失控，造成土著种类濒临灭绝，并引发其他危害的现象。它会抑制或直接杀死其他物种，破坏生物多样性，危害原有物种及人类健康。另外，基因污染和基因丧失正成为生物资源安全的另一大威胁。

（四）矿产资源、能源安全

从生态环境安全角度看，我国矿产资源严重不足，区域分布不平衡，贫矿、难选矿、综合矿和中小型矿多，在现有的技术和经济条件下，可供开发利用的资源稀缺，矿产资源对经济社会发展的保证程度呈下降趋势，严重制约了我国经济发展规模与社会生产能力。

我国在能源方面也面临着严峻的挑战。首先，人均能源占有量低，以煤炭为主的能源结构对生态环境安全造成巨大压力。其次，能源利用效率较低。就资源的整体承载力而言，中国经济继续以高投入、高消耗支持高增长的发展模式将面临能源供给不足和成本不断上升两种难以逾越的障碍。随着人口增长和国民经济的发展，各种能源供给和社会需求的矛盾将会进一步加剧，如果不极大地提高各种能源的节约利用程度，我国经济安全将会受到能源不足的严重挑战，不仅不能为后代人留下能源，当代人的发展也难以保证。

二　生态系统安全

生态系统是在一定空间中共同栖居的所有生物与其环境之间由于不断地进行物质循环和能量流动过程而形成的统一体。生态系统为人类提供了食物、医药及其他工农业生产原料，更重要的是支撑与维持了地球的生命支持系统，如调节气候、维持大气化学的平衡与稳定、维持生命物质的生物地化循环与水文循环、维持生物物种与遗传多样性、减缓干旱和洪涝灾害、植物花粉传播与种子扩散、土壤形成、生物防治、净化环境等。

生态系统安全，是指生态系统的稳定程度。生态系统结构越复杂，功能越稳定，具有负反馈的自我调节机制更完善，其安全性更高。影响生态系统安全的因素有自然力，如重力、外营力（风力、水力、热力、辐射力、潮汐力等）和内营力（火山活动、地震等），但主要因素还是人类活动，包括土地开发、城市化、工业化造成的环境压力（各类污染及环境退化）和战争等。

许多学者认为外来物种的入侵是生态系统安全非常重要的问题。生态系统安全，是指在一个特定的时空范围内，由于自然和人类活动改造生物性状而成为新类型、新物种和外来物种迁入，并由此对当地其他物种和生态系统造成的改变和危害，人为造成环境的剧烈变化而对生物的多样性产生的影响和威胁，在科学研究和开发、生产和应用中造成对人类健康、生存环境和社会生活等方面有害的影响，都属于生态系统安全的内容和范围。例如广东省近期关注的薇甘菊就是来自中南美的外来入侵种，其入侵给我国南方造成了重大的损失，是生物入侵影响生物生态安全的一个实例。

生态系统安全的另一个重要的内容是由于生物技术发展形成基因物种所造成的安全问题。主要有三方面：基因作物的基因"漂移"，基因生物的失控，基因食品对人类健康的影响，但这些问题总体上尚未有定论。从当前生物安全研究现状看，基因工程生物的生态（环境）风险与生态（环境）安全、化学物质的施用，及其对农业生态系统健康与生态（环境）安全的影响等方面都成为生态系统安全研究的重点内容。

三　人文社会系统安全

一些学者认为生态环境安全应该从人类社会的视角来定义，认为生态环境安全是指社会、政治、经济性安全，该安全问题不仅是对当代人群健康和后代健康成长的危害，主要是指因环境污染与生态破坏所引起的对全世界的和平与发展，对国家安全、经济安全，甚至对整个人类的生存与发展的危害。国际应用系统分析研究所于1989年提出建立优化的全球生态安全监测系统，并指出生态环境安全的含义是指在人的生活健康安乐基本权利、生命保障来源、必要的资源、社会秩序和人类适应环境变化的能力等方面不受威胁。

　　无论哪一种定义，生态环境安全的内涵有两点：一是人类的生态安全；二是人类的发展安全和人文社会系统安全，包括人口、经济和社会秩序的稳定等。我们倾向于将人文生态系统安全作为生态环境安全的重要组成部分来看待。人文社会作为一国食物安全及其保障体系，是一个复杂的系统，人口、经济和社会作为其子系统，它们之间是相互影响的。人口的变化会对经济和社会产生直接的影响，经济和社会的发展反过来会影响人口的增长。而人口、经济、社会发展需要依靠资源和生态系统；同样，人口、经济、社会发展会对资源和生态系统产生直接而深远的影响。所以，人文社会系统安全与资源安全、生物安全、食物安全和生态系统安全之间是相互交错、相互影响的，生态环境安全的构成中应当包括人文社会系统安全。

第三节　研究生态环境安全的基本理论

　　从国内外研究现状来看，研究生态环境安全有众多基本理论，包括科学发展观理论、可持续发展理论、生态承载力理论、生态系统服务功能理论、生态环境安全评价理论、生态环境安全监测和预警理论等，其中科学发展观理论、可持续发展理论本文将在第二章重点予以论述，本节重点介绍后面四种基本理论。

一　生态承载力理论

　　承载力原是一个力学概念，其本意是指物体在不受破坏时可承受的最大负荷能力，现已成为描述发展限制程度的最常用的概念。1921年克和伯吉斯在人类生态学杂志中，提出了承载的概念，即某一特定环境条件下（主要指生存空间、营养物质、阳光等生态因子的组合），某种物体存在数量的最高极限。随后人类学和生物学家将这一术语应用于人类生态学中，形成了"土地资源承载力"、"水资源承载力"、"矿产资源承载力"、"环境承载力"等概念。由于全球生态破坏程度的增加，生态系统的完整性遭到损害，从而使生存于生态系统之内的人和各种动植物面临生存危险，于是许多科学家从系统的整合出发，提出了生态承载力的概念，认为生态承载力是对资源与环境承载力的扩展与完善。

生态承载力即生态环境的承载能力，是自然体系调节能力的客观反映。人类的一切生产活动都必须依赖于周围的水、土、大气、森林、草地、海洋、生物等自然生态系统，这些自然生态系统为人类提供了必不可少的生命维护系统和从事各种活动所必需的最基本的物质资源，是人类赖以生存、发展的物质基础。人类与其所处的自然生态环境是互动的，当人类生存和发展所需的生态环境处于不受或少受破坏与威胁的状态，即人类的各种生产和生活活动对周围生态环境造成的影响未超过生态系统本身的调节能力，其所处的自然生态环境状况能够维持社会经济的生存与可持续发展的需求，这种状态就处于生态承载力的范围之内。反之，则超过了生态承载力的范围。

生态承载力包括以下几种类型：1. 资源承载力。资源承载力是一个国家或地区资源的数量和质量，对该空间内人口的基本生存和发展的支撑能力。资源承载力是一个相对客观的量。2. 水资源承载力。水资源承载力必须强调水资源对社会经济和环境的支撑能力。它的主要含义和内容有：第一，强调水资源承载力是水资源对生态经济系统良性发展的支持能力；第二，强调生态经济系统的良性发展；第三，强调合适的管理技术，将水资源承载力的合理配置等。3. 森林承载力。森林承载力是指在一定时期、一定区域的森林对人类社会经济活动的支持能力的阈值及可供养的具有一定生活质量的人口最大数。[①]

二　生态系统服务功能理论

生态系统服务功能是指生态系统与生态过程所形成及维持的人类赖以生存的自然环境条件与效用，它不仅为人类提供了食品、医药及其他生

---

① 陈端吕、董明辉、彭保发：《生态承载力研究综述》，载《湖南文理学院学报（社会科学版）》2005 年第 5 期。

产、生活原料，还创造和维持了地球生命支持系统，形成了人类生存所必需的环境条件。生态系统服务功能的内涵可以包括有机质的合成与生产、生物多样性的产生与维持、调节气候、营养物质储存与循环、土壤肥力的更新与维持、环境净化与有害有毒物质的降解、植物花粉的传播与种子的扩散、有害生物的控制、减轻自然灾害等许多方面。生态系统服务功能可以概略地分为两大类：一类是生态系统产品，表现为直接价值；第二类是支撑与维持人类赖以生存的环境，表现为间接价值。

1. 生态系统产品。生态系统通过第一性生产与次级生产，合成与生产了人类生存所必需的有机物质及其产品。

2. 生态系统服务功能的间接价值可以包括以下几个方面：[①]（1）太阳能的固定：植物通过光合作用固定太阳能，使光能通过绿色植物进入食物链，为所有物种包括人类提供生命维持物质。（2）调节气候：生态系统对大气层及局部气候均有调节作用，包括对温度、水和气流的影响，从而可以缓冲极端气候对人类的不利影响。（3）保护土壤：发育良好的地段，由于植被和枯枝落叶层的覆盖，可以减少水对土壤的直接冲击，减少土壤侵蚀，保持土地生产力，并能保护海岸和河岸，防止湖泊、河流和水库的淤积。（4）涵养水源及稳定水文：在集水区内发育良好的植被具有调节径流的作用，植物根系深入土壤，使土壤对雨水更具有渗透性。（5）储存必需的营养元素，促进元素循环：生物从土壤、大气、降水中获得需要的元素维持生命，并通过元素循环，促使生物与非生物环境之间的交换，维持生态过程。（6）维持进化过程：生态系统的功能包括传粉、基因流、异花受精的繁殖功能以及生物之间、生物与环境之间的相互作用，对于维持进化过程和环境有重要意义。

总之，生态系统服务是生态系统产品和生态系统功能的统一，而生态系统的开放性是生态系统服务的基础和前提。

---

① 王卫红、赵劲松：《生态系统服务功能的保护与可持续发展》，载《科技情报开发与经济》2001 年第 2 期。

三 生态环境安全评价理论

生态环境安全评价，是指在生态环境质量评价成果的基础上，按照生态系统本身为人类提供服务功能的状况和保障人类社会经济与农业可持续发展的要求，对生态环境因子及生态系统整体，对照一定的标准，进行的生态安全状况评估。生态安全评价包括了对"单一因子生态安全"及"综合因子与系统可持续发展"两个方面的评价，而且主要偏重于"系统可持续发展的影响"生态安全的维持水平的评价，这主要是因为生态安全的评价对象应该是在一定时期的，某个区域内的人类开发建设活动对环境、生态及生态系统的影响过程与效应。人类活动及其对环境、生物与系统的影响，可根据开发活动的类型（单个或多个项目），分为直接（单独）影响和累积影响两大类。其中第一种影响也可以称为"传统的影响"，即人类活动单独造成的对水质、大气、生物等的影响；第二类影响可称为"与可持续发展相关的影响"，即区域或全球人类活动对自然环境、生态系统造成的不可逆的、累积性的影响。同时，生态安全评价层次必定是一个多方面的层次结构，其可以从区域、行业及国家水平三个层次上来进行。区域生态安全的评价主要是对区域内的人类活动如农业、工业、城市对生物与环境的影响评价，主要集中于区域土地利用规划、人地变化及生态安全与可持续发展上。行业的生态安全有其特殊性，例如对于农业部门这是一个重要的内容，主要是评价农业活动对生物、环境、产业政策的影响。国家的生态安全评价则体现一国的生态实力与可持续性的体现与实现的可能性上。

四 生态环境安全监测和预警理论

生态环境安全监测实际上是生态环境安全预警研究的一项内容，是预警研究必不可少的组成部分。但生态环境安全监测强调实时监控的实施和检测网络的建立，不完全隶属于生态环境安全预警研究。开展生态环境安全监测研究对政府部门把握生态安全的变化并及时做出控制和治理生态环境，进行生态环境建设，确保生态环境安全具有十分重要的意义。生态环境安全监测必须建立在监测网点建设和 3S 技术之上。生态环境安全监测主要利用数字技术进行动态观测、分析。生态环境安全监测与生态环境安全预警是相辅相成的，生态环境安全监测是生态安全环境预警研究的基础，没有生态环境安全监测，生态环境安全预警工作难以完成。[①]

生态环境安全预警研究就是在分析生态环境影响因素及其影响的基础上，通过探求生态环境变化规律，预测生态环境的未来变化趋势，并及时作出预报，作为政府进行生态环境治理、处理社会经济发展与生态环境整治、保护等工作时决策参考或依据。生态环境安全趋势的预测建立在生态环境安全评价基础之上，主要根据社会经济发展趋势、生态环境变化的预测以及二者之间的相互影响关系的分析进行，在现状与历史的对比中发现生态环境质量的变化情况，并以生态评价制定的安全标准作为对比依据，作出安全情况的判别。生态环境安全态势的预测是一件非常复杂的事情，需要进行大量的工作，也需要有较好的预测方法和手段。生态预警研究不仅要对生态环境变化进行预测，而且要进行生态环境安全状态的判断，并以安全、较安全、不安全、很不安全等安全程度予以表示，正确反映生态环境对社会经济发展的威胁和影响程度。[②]

---

① 周国富：《生态安全与生态安全研究》，载《贵州师范大学学报（自然科学版）》2003年第 3 期。

② 同上。

第二章 民族地区生态环境安全与民族社会发展

——以甘南藏族自治州为例

第一节 民族地区生态环境安全与民族社会发展的基本理论

一 民族地区生态环境安全与科学发展观理论

（一）科学发展观基本理论

所谓科学发展观，就是关于发展问题的正确观点。发展，从一般的意义上来说，是运动变化的过程；从特殊的意义上来说，仅指前进、上升的运动，是新事物的产生和旧事物的灭亡。在党的十六届三中全会上，以胡锦涛为总书记的党中央，吸收了人类在发展问题上的积极思想，总结了国内外在发展问题上的经验教训，分析了我国发展过程中面临的种种问题，明确提出了"坚持以人为本，树立全面协调、可持续的发展观，促进经济社会和人的全面发展"。科学发展观理论符合客观世界的发展规律，为指导我国的社会主义现代化建设提供了理论依据。[①]

1. 树立和落实科学发展观，用科学发展观指导民族社会发展，必须全面准确地把握科学观的深刻内涵和基本要求。

---

① 中共中央宣传部：《科学发展观学习读本》，http://theory. people. com. cn/GB/68294/135509/，2007 年 7 月 17 日。

坚持以人为本，是科学发展观的核心和本质要求。科学发展观就是要以实现人的全面发展为目标，从人民群众的根本利益出发谋发展、促发展，不断满足人民群众日益增长的物质文化健康安全需要，切实保障人民群众的经济、政治、文化权益，把发展的成果惠及全体人民。

全面发展，就是要以经济建设为中心，全面推进经济政治文化建设，实现经济持续健康发展和社会全面进步。协调发展，就是要统筹城乡发展，统筹区域发展，统筹经济社会发展，统筹人与自然和谐发展，统筹国内发展和对外开放，推进生产力和生产关系、经济基础和上层建筑相协调，推进经济政治文化的各个环节、各个方面相协调。可持续发展，就是要促进人与自然的和谐，实现经济社会发展与人口、资源、环境相协调，坚持走生产发展、生活富裕、生态良好的文明发展道路，保证一代接一代的永续发展。[①]

2. 加强环境保护是贯彻落实科学发展观，促进人与自然和谐发展的基本要求。

我国在发展中面临着两大矛盾：一个是不发达的经济与人们日益增长的物质文化需求的矛盾，这将是长期的主要矛盾，解决这个矛盾要靠发展。另一个是经济社会发展与人口资源环境压力加大的矛盾，这个矛盾越来越突出，解决这个矛盾要靠科学发展。我国已进入工业化、城镇化加快发展的阶段，这个阶段往往也是资源环境矛盾凸显的时期。靠过量消耗资源和牺牲环境维持经济增长是不可持续的。必须转变发展观念，创新发展模式，提高发展质量，把经济社会发展切实转入科学发展的轨道，以科学发展观统领经济社会发展全局，按照转变发展观念、明确发展思路、创新发展模式、提高发展质量的要求，切实推进经济增长方式转变[②]。

3. 树立和落实科学发展观，用科学发展观指导民族地区经济社会发

---

① 中共中央宣传部：《科学发展观学习读本》，http://theory. people. com. cn/GB/68294/135509/，2007年7月17日。

② 胡锦涛：《在中央人口资源环境工作座谈会上的讲话》，载《人民日报》2003 年 4 月 5 日（第 2 版）。

展，加快少数民族和民族地区经济社会发展，是民族工作的主要任务，是解决我国民族关系的根本途径，也是少数民族群众的共同愿望。

加快少数民族和民族地区经济社会发展要靠民族地区自身的努力，也离不开国家和发达地区的支持与帮助。我们始终把发展作为民族工作的第一要务，认真贯彻落实中央制定的各项优惠政策措施，着眼于提高经济增长的质量和效益，大力发展特色经济和优势产业；着眼于增强发展的动力与活力，进一步深化改革和扩大开放；着眼于促进人与自然的和谐，切实加强生态环境保护和建设；着眼于提高人口整体素质，加快民族地区教育、文化、卫生等社会事业的发展。

4. 树立和落实科学发展观，用科学发展观指导民族地区经济社会发展，要积极探索采取人口、资源、环境与发展相互协调的科学发展新模式。

科学发展观关于人口、资源、环境与发展相互协调的新型发展模式具有3个基本层次：一是自然，即体现环境与生态系统的自身价值；二是后代，即实现未来的需求与目标；三是现代，即满足当代的需求与发展。持续发展的最终目标是促使经济、环境及生态系统之间相互协调，因而，它是一项庞大而又复杂的系统工程，构成这个系统的主要因子是人口与资源，而经济发展和进步是此系统的最终结果。人口—资源—环境系统失衡，必将带来人口膨胀、资源破坏、环境污染等诸多问题，最终也影响经济的发展和进步。因此，持续发展的核心是经济，其目标是发展，发展的手段是政策调控。

民族地区经济发展相对落后，在跨世纪转换阶段，民族地区经济发展具有四大方面的目标，即充分就业与稳定、效率与公平、保护环境与维护民族和国家利益（人口—环境）、经济增长和结构优化。探索民族地区在有限环境容量和资源支撑能力下经济可持续发展的途径和模式，为解决在人口总量快速增加和脆弱的生态环境条件下合理开发优势资源、加快区域经济发展等一系列重大问题，既是我国可持续发展总体战略的必要组成部分，又是民族地区经济发展的现实选择。新型发展模式，必须使人口与资源、生态与环境、经济与社会三个方面呈良性运行和发展，满足"需求、

限制、平等"三大原则。具体讲，一是加强以有效需求趋势为导向选择
开发优势资源和发展主导产业；二是在人口与资源、经济承载力的限制下
选择资源和区位优势比较大、现有经济实力强的重点区域，实行非均衡式
开发战略，形成若干经济增长极，并通过极核的扩散效应和产业之间、地
区之间的相互协调，带动民族地区整体发展；三是注重资源效益、环境效
益和经济效益的协调、统一。①

（二）科学发展观对民族社会发展的基本要求

民族社会的发展，要努力适应社会主义市场经济和对外开放的新的历
史条件，坚持按客观经济规律办事，坚持从本地区的实际出发，充分发挥
地区优势。科学发展观对民族社会发展的基本要求有：

1. 要牢固树立以人为本的观念

人口资源环境工作，都是涉及民族地区人民群众切身利益的工作，一
定要把民族地区广大人民的根本利益作为出发点和落脚点。要着眼于充分
调动人民群众的积极性、主动性和创造性，着眼于满足人民群众的需要和
促进人的全面发展，着眼于提高人民群众的生活质量和健康素质，切实为
人民群众创造良好的生产、生活环境，为中华民族的长远发展创造良好的
条件。

2. 要牢固树立节约资源的观念

自然资源只有节约才能持久利用。要在全社会树立节约资源的观念，
培育民族地区人人节约资源的社会风尚。要在资源开采、加工、运输、消
费等环节建立全过程和全面节约的管理制度，建立资源节约型国民经济体
系和资源节约型社会，逐步形成有利于节约资源和保护环境的产业结构和
消费方式，依靠科技进步推进资源利用方式的根本转变，不断提高资源利
用的经济、社会和生态效益，坚决遏制浪费资源、破坏资源的现象，实现
民族地区资源的永续利用。

---

① 胡鞍钢、王亚华：《西部开发应坚持可持续发展战略》，载《中国人口·资源与环境》
2001 年第 2 期。

3. 要牢固树立民族地区保护环境的观念

良好的生态环境是社会生产力持续发展和人们生存质量不断提高的重要基础。要彻底改变以牺牲环境、破坏资源为代价的粗放型增长方式，不能以牺牲环境为代价去换取一时的经济增长，不能以眼前发展损害长远利益，不能用局部发展损害全局利益。要在民族地区全社会营造爱护环境、保护环境、建设环境的良好风气，增强全民族的环境保护意识。

4. 要牢固树立人与自然相和谐的观念

自然界是包括人类在内的一切生物的摇篮，是人类赖以生存和发展的基本条件。保护自然就是保护人类，建设自然就是造福人类。要倍加爱护和保护自然，尊重自然规律。对自然界不能只讲索取不讲投入、只讲利用不讲建设。发展经济要充分考虑自然的承载能力和承受能力，坚决禁止过度性放牧、掠夺性采矿、毁灭性砍伐等掠夺自然、破坏自然的做法。要研究绿色国民经济核算方法，探索将发展过程中的资源消耗、环境损失和环境效益纳入经济发展水平的评价体系，建立和维护民族地区人与自然相对平衡的关系。[1]

二　民族地区生态环境安全与构建民族地区和谐社会

（一）构建社会主义和谐社会基本理论[2]

"和谐"的概念是"和"，是中国传统文化中的核心思想。"谐"也有"合"、"和"之意。甲骨文中就已经有了"和"字，可见这一文化传统源远流长。成书于战国初期的春秋时代的《国语·郑语》给"和"下的定义是，"以他平他谓之和"。[3]《左传》中有"如乐之和，无所不谐"[4]的说法。东汉文字学家许慎著有《说文解字》一书，对"和"的解释是

---

① 中共中央宣传部：《科学发展观学习读本》，http://theory.people.com.cn/GB/68294/135509/,2007年7月17日。

② 刘鹤：《构建社会主义和谐社会的指导思想、目标任务和基本原则》，载《人民日报》2006年11月3日（第9版）。

③ 《国语·郑语》，上海古籍出版社1978年版，第515页。

④ 左丘明：《左传》，岳麓书社2001年版，第154页。

"相应也"。按照中国的语言和思维，"和"具有两重含义，一是用来形容构成事物的不同要素或矛盾的双方，在对立统一的辩证运动中相互适应，形成的一种相辅相成的均衡状态，二是指实现矛盾双方相互妥协的调和行为，它的对立面则是分裂、斗争。讲和谐，就是尊重事物的多样性和差异，通过调和的办法解决矛盾，求得均衡发展。因此，多元、差异、矛盾、均衡是和谐思想的基本概念。就社会而言，生产力与生产关系、经济基础与上层建筑之间的矛盾是社会的基本矛盾。自文明时代以来，人类解决这一矛盾的手段不外乎有斗争、革命与调和、改良两种方式，反映到人们的意识中，既有斗争的思想观念，也有和谐的价值追求。一般说来，前者属于社会发展的变态，后者属于社会发展的常态。

社会主义和谐社会，应该是民主法治、公平正义、诚信友爱、充满活力、安定有序、人与自然和谐相处的社会。这些基本特征是相互联系、相互作用的，需要在全面建设小康社会的进程中全面把握和体现。

民主法治就是社会主义民主得到充分发扬，依法治国基本方略得到切实落实，各方面积极因素得到广泛调动；公平正义就是社会各方面的利益关系得到妥善协调，人民内部矛盾和其他社会矛盾得到正确处理，社会公平和正义得到切实维护和实现；诚信友爱就是全社会互帮互助、诚实守信，全体人民平等友爱、融洽相处；充满活力就是能够使一切有利于社会进步的创造愿望得到尊重，创造活动得到支持，创造才能得到发挥，创造成果得到肯定；安定有序就是社会组织机制健全，社会管理完善，社会秩序良好，人民群众安居乐业，社会保持安定团结；人与自然和谐相处就是生产发展，生活富裕，生态良好。

胡锦涛总书记指出："实现和谐社会，建设美好社会，始终是人类孜孜以求的一个社会理想，也是中国共产党在内的马克思主义政党不懈追求的一个社会理想。"和谐社会包含了和谐的民族关系。[①]

---

① 刘鹤：《构建社会主义和谐社会的指导思想、目标任务和基本原则》，载《人民日报》2006 年 11 月 3 日（第 9 版）。

世界是一个多民族的世界，中国是一个多民族的中国。古今中外、历史和现实都表明，国家作为各种社会关系结构的集合体，民族关系是这一集合体中最为重要的基础构件之一。民族关系失衡和不和谐，就会导致国家整体的不和谐，甚而动荡、冲突、分裂的危机。相反，稳定和谐的民族关系则是国家整体保持稳定衡态的基础。

对于多民族国家的中国，民族关系是民族地区构建和谐社会的关键。民族关系和谐始终是关系到国家统一、政治稳定、社会繁荣发展、边防巩固和安宁的重要问题。因此必须维护和实现民族地区最广大人民的根本利益，尊重少数民族的人权，维护少数民族的权益，要密切联系少数民族和民族地区群众的利益要求。

（二）民族地区生态环境安全是民族地区和谐社会的重要标志之一

我国是统一的多民族国家，虽然 55 个少数民族的人口规模仅占全国总人口的 8.42%，但其聚居自治的地区却占国土面积的 64%，经济地理意义上的西部地区、全国陆路边疆地区基本上都属于少数民族聚居地区。这一基本国情决定了民族地区是我国最重要、最特殊的国家构成部分。无论从实现整个国家的现代化目标，还是从实现中华民族自立于世界民族之林的发展出发，民族地区的建设都是一个关系到中国特色社会主义发展全局的重大问题。少数民族地区的发展关系到各民族共同富裕、全面小康目标的实现，关系到国家的长治久安和国家的安全。[1] 少数民族地区发展起来，对民族地区生态脆弱区的发展，对整个国家的未来，对中华民族的复兴，都将作出不可估量的贡献。[2] 作为整个民族地区发展战略的组成部分，特别是在全球生态环境保护掀起热潮的时代背景下，民族地区的生态环境安全问题重要性日益彰显，已经成为衡量民族地区社会发展水平的标志。落实科学发展观，构建社会主义和谐社会成为当代主题，而良好的民

---

① 高尚全：《深化对社会主义本质属性的认识》，http://www. rmlt. com. cn/News/200711/20071101424592260. html，2007 年 11 月 1 日。

② 刘鹤：《构建社会主义和谐社会的指导思想、目标任务和基本原则》，载《人民日报》2006 年 11 月 3 日（第 9 版）。

族地区生态环境是民族地区社会和谐的有机组成部分，也是衡量民族团结、社会稳定、和谐发展的重要指标之一。

我们国家的传统文化历来主张"天人合一"，良好的生态环境即是"天"，民族社会良性地发展必将推动生态治理的有效展开，使得民族地区的环境优化，反过来环境的优化又促进了人际的和谐，因而，民族地区生态环境的安全是民族地区和谐社会的重要标志之一。

（三）实现民族地区生态环境安全是构建民族地区和谐社会的基本任务

社会主义和谐社会是人与自然和谐相处的社会，保护生态环境是构建和谐社会的重要任务。少数民族聚居的地区，对全国生态环境未来变迁具有举足轻重的影响。同时，生态环境直接关系到少数民族传统文化、生产方式、社会生活的传承和发展。因此，从生态环境脆弱的实际出发，探索有利于少数民族地区经济社会又好又快的发展模式，将跨越式发展定位在人与自然和谐相处的高度，努力实现生产发展、生活富裕、生态良好，这是实现各民族人民和睦相处、和衷共济、和谐发展的重要保障。

在我国的西部开发社会发展战略中，西部开发可能加大民族地区生态环境压力，应避免大开发给西部民族地区生态环境带来的破坏。西部生态环境的压力既有来自内部的压力，也有来自外部的压力。外部的压力是指东部的污染"西迁"问题。随着国内统一大市场的形成，东部地区要素成本上升，竞争加剧，高物耗、高能耗、劳动密集型企业的市场压力会越来越大，东部地区的资源密集型产业、能耗密集型和污染密集型产业会逐步向中西部民族地区转移。新的产业分工和布局，必然对西部民族地区的资源环境造成更大压力。内部的压力主要指发展模式和经济增长方式的转变。西部民族地区长期实施以资源开发为导向的发展模式，形成了粗放型经济增长方式。目前民族地区也正在进入人口不断增长，经济较快发展，自然资源大规模开发阶段，但是普遍存在"边开发、边破坏、边治理、边污染"的现象，资源破坏的代价超过了资源开发的收益，环境污染的速度超过了环境治理的速度，是"得不偿失"的开发。①

西部地区两大河流即长江、黄河的发源地及上、中游地区，多是少数民族聚居的地区，作为全国重要的生态屏障，它的生态环境状况如何，对位于中、下游的中部东地区的经济、社会发展都将产生重要的影响。同时西部地区生态环境的破坏类型之多、范围之广、程度之深，在民族地区表现得最典型、最强烈，这使得西部少数民族地区自身经济社会发展水平长期滞后，贫穷问题得不到根本的解决，直接影响着人们的生存状况和民族地区经济社会的发展。因此，在西部开发的过程中，始终坚持实现民族地区生态环境安全发展观，民族地区必须切实处理好经济效益与生态效益的辩证统一关系，走一条开发与环保同步发展的新路子，它也是民族地区构建社会主义和谐社会的基本任务。②

三　民族地区生态环境安全与建设环境友好型社会

（一）建设环境友好型社会基本理论

环境友好型社会是一种以环境资源承载力为基础、以自然规律为准则、以可持续社会经济文化政策为手段，致力于倡导人与自然、人与人和谐的社会形态。就中国而言，环境友好型社会的基本目标就是建立一种低消耗的生产体系、适度消费的生活体系、持续循环的资源环境体系、稳定高效的经济体系、不断创新的技术体系、开放有序的贸易金融体系、注重社会公平的分配体系和开明进步的社会主义民主体系。

环境友好型社会提倡经济和环境双赢，实现社会经济活动对环境的负荷最小化，将这种负荷和影响控制在资源供给能力和环境自净容量之内，形成良性循环。有人说，构建资源节约型社会就已包括了"环境友好型社会"，实则正相反。在国际社会，一般认为资源节约是环境友好的重要

---

① 胡鞍钢、王亚华：《西部开发应坚持可持续发展战略》，载《中国人口·资源与环境》2001年第2期。

② 高尚全：《深化对社会主义本质属性的认识》，http://www.rmlt.com.cn/News/200711/20071101424592260.html，2007年11月1日。

组成部分。在观念方面，资源节约关注社会经济活动中的资源使用率，如节水、节地、节能等，但不能涵盖环境友好所包括的经济、社会、政治、文化和技术等要素，也达不到环境友好强调的人与自然和谐的哲学伦理层次。在经济方面，资源节约可以提供"节流"措施，而环境友好可从"开源"和"节流"两个方面统筹社会经济活动的综合发展。在政治方面，环境友好比资源节约更多地强调综合运用技术、经济、法律、行政等多种措施降低环境成本，解决更为广泛的国计民生问题。在文化方面，环境友好比资源节约更为关注生产和消费对人类生活方式的影响，强调生活质量、生活内涵、生活意义的幸福指数，有很强的道德文化传承价值。[①]

当前，环境恶化已经是制约中国经济发展、影响社会稳定、危害公众健康的一个重要因素，成为威胁中华民族生存和发展的重大问题。环境友好型社会的提出，指明了中国社会经济发展的出路。自然环境是人类产生和发展的摇篮，"人本身是自然界的产物，是在他们的环境中并且和这个环境一起发展起来的"。[②] 因此，人类绝不能把自己凌驾于自然界之上，把自然界作为自己随心所欲、为所欲为的场所和工具。对自然界的态度只能是协调，而不是征服；只能是和睦相处，而不能肆意掠夺、蹂躏和践踏。

生态环境是经济发展的物质基础，而生态环境的恶化是人类经济活动的结果，又是制约经济进一步发展的重要因素。因此，民族地区经济的发展与生态环境资源的开发利用是分不开的，那么如何处理发展与保护环境的关系问题，成了一个不可回避的客观现实问题，必须作出历史性选择，维护民族地区生态安全、建立环境友好型民族社会已成为当前民族社会发展的必然选择。

---

① 高尚全：《深化对社会主义本质属性的认识》，http://www. rmlt. com. cn/News/200711/20071101424592260. html，2007 年 11 月 1 日。

② 《马克思恩格斯全集（第 20 卷）》，人民出版社 1971 年版，第 38—39 页。

（二）实现民族地区生态环境安全是建设环境友好型民族社会的基本
思路

建设环境友好型民族社会的首要任务就是要实现民族地区生态环境安
全。民族地区应当从自然与人文生态环境和谐互动的角度，切实加大生态
环境建设，建设环境友好型民族社会。具体来讲，以甘肃省甘南藏族自治
州为例，从以下几个方面完成环境友好型民族社会的建设：

1. 根据自然资源和环境纵向公平性原则适度开发和利用生态资源

由于社会经济的发展，甘南藏族自治州的生态环境遭受了一定程度的
破坏。以当地的森林覆盖率和水草滩面积为例，甘南藏族自治州森林覆盖
率即由 20 世纪 60 年代的 50%，降到目前的不足 24%，水草滩面积由
1982 年的 120 万亩缩小到目前的 30 万亩。照此下去，未来各代人就失去
了生存和发展的基础，违反了世代之间对自然资源和环境享有同等权利的
纵向公平性原则。对甘南自治州来说，今后经济社会发展的战略选择应从
"增长第一"、追赶东部地区等传统战略中摆脱出来，根据自身特点，正
视生态环境不断恶化的现实，将保护建设生态环境与改善人民群众的生存
条件作为首要战略任务，适度开发和利用生态资源。

2. 根据生态区划原则实现自然资源的永续利用

自然资源的永续利用是指在不断努力获得更多资源的同时，在对人类
社会有意义的时间和空间范围内，就自然资源的数量和质量的总体水平而
言，使人类社会的自然资源选择空间不被缩小。当前，甘南自治州应调整
人类活动区域，根据自然资源永续利用的生态区划原则，建立自然生态保
护区和自然与人文环境保护区。

自然生态保护区主要指在国家自然保护区周围和其他适宜地区专门划
分出区域保护。一是神山、神水保护区。被当地群众确定为神山的主要有
阿尼玛卿雪山、太子山、迭山、才波杂干、积石山、莲花山以及各地大小
不等神山、神水等。确定为神湖的有尕海湖、常爷池等；二是农村民居及
其环境。甘南州农牧区民居一般依山而建，用石板、石块建起二层石碉
房，建在山坡上既不占良田，又同山坡融为一体。

自然人文生态保护区主要指在人文遗址周围和其他适宜地区专门划分出区域保护。一是寺院及其所属地。长期以来，甘南州各族人民创造了精美绝伦的自然人文生态景观，这些景观与自然环境高度协调。寺院建筑便是一例。甘南州有藏传佛教寺院150多座，大多数建在山清水秀之处，拥有自己管辖的地区、山林或草山；二是文化遗迹。甘南高原也是中华民族发祥地之一，历史悠久，文化灿烂，境内的拉布楞寺、禅定寺、八角城遗址、羊巴古城、牛头城、峰迭古城、明代边墙等，都是古文化遗址。应将它们与周围环境划为重点保护区和一般保护区进行保护。

3. 突出生态文化建设

生态文化主要是指生产方式、生活方式、风俗习惯、信仰观念、文学艺术等构成的统一体。解决生态问题，除了依靠法律、行政、经济的手段，更为重要的是确立一种既适应经济社会发展需要，又有利于环境保护的新的生态伦理观，不断增强人们的生态环保意识，使保护环境变成人们的一种自觉行为。① 1979年发表的《绿色和平年鉴》倡导："必须要用那种把所有植物和动物都纳入法律、道德和伦理关怀中来的超人本主义的价值观来代替人本主义的价值观。"甘南州传统文化中蕴涵着丰富而积极的生态伦理观念、主要体现在神话传说、宗教信仰、乡规民约和习惯法等方面：

（1）珍惜自然生命的世界观

由于高原自然环境的脆弱、自然资源的珍贵，藏族文化生态以保护自然环境、爱惜自然资源为出发点。藏族的观念与行为，他们的精神文化与物质文化都以保护自然环境为前提，并以此为主导而展开延伸的。保护自然，珍惜一切生物生命是藏族文化生态的基本特征。

（2）和谐中和的人生观

藏族生态文化以综合思维模式为基础，体现了人与自然的统一和谐，

---

① 陈志荣：《实现民族地区跨越式发展》，http：//www. hnmzst. gov. cn/V3/data/news/2008/01/558/，2008年1月14日。

其最重要的观念是万物一体的整体观念与相互联系观念。出于对自然的崇敬，出现了对自然的禁忌，凡神圣的都带有禁忌特征。有神山、神水的地方以及寺院所处的区域，都成为神圣自然保护区，任何人都不能触犯神地及其范围内的生物，保护了这些地区的生物多样性。藏族是属于那种"诗意地居住在大地上"的民族。他们身居高寒荒原，但着意化荒凉为优美，将自己的故乡审美化、艺术化，使其居住地带上了神奇而吉祥的色彩，这源于人们对自然的崇高美与生命世界的和谐美的领悟。

（3）和谐节制的生活方式

在自然资源开发与生态环境保护的关系上，藏族生态文化更注重保护。保护整体环境，保护一切生物，是藏族伦理道德和生活方式的出发点。在物质生活与精神生活的关系上，藏族更注重对精神生活的追求，在物质生活需求得到基本满足后，便将大量时间、精力和财力投入到精神生活的追求中，呈现出注重精神需求而抑制物质生活的倾向，在清贫的物质生活环境中创造了丰富的精神文化产品。在对消费生活的选择中，藏族更注重节制、勤俭。在个人与社会的关系上，生态文化主张个人服从社会，认定自然的产物归自然，社会的财富归集体，个人无权占有自然界与社会中的物产。

（4）良性互动的生产方式

无论是农牧业结合农耕方式，还是游牧方式，都体现了与甘南藏区生态环境和谐相处的特点。以游牧方式为例，已形成了适应高原环境的机制和策略：保持、维护一定区域面积和草地，使之能持续承载各类动物的生存；巧妙利用不同季节气候变化规律与草场分布状况，确定合理放牧强度；控制草原载畜量，使之既不超出草场生产力总量限度，又避免与草原生态环境中其他生物争食；依据不同区域、畜群，合理搭配，轮换放牧；根据季节气候变化适时放牧，不能过早亦不能过迟。

4. 发展生态经济

生态经济是建立在自然界的生态系统与人类社会的经济系统互相作用和渗透的复合经济的基础上，谋求在生态平衡、经济合理、技术先进的条件下，实现生态建设与社会经济的最佳结合和协调发展，主要包括生态林业、生态农牧业、水电水利业、生态旅游业、生态小城镇等内容。①

生态林业方面，历史上甘南州的林业是以采伐为重点，以木材加工、运输为辅的行业；但是，从发展生态经济的角度来讲，森林的生态效益和社会效益远远超过它提供的木材及土特产品的价值。当前，甘南州在生态林业发展方面应转变观念，大力发展以森林资源的可持续利用为中心的生态林业。

生态农牧业方面，历史上甘南州由于片面追求粮食自给，大量进行陡坡种植，农业的效益一直很低。当前，甘南州发展生态农牧业应当形成以森林系统为基础的林农系统、林牧系统、林工系统，以草原生态系统为基础的草畜系统，畜产品加工和流通系统，通过减少粮食种植，增加有市场的经济林木的种植，促进畜牧业发展，提高农业经济效益，实现生态农牧业产业化。

四　民族地区生态环境安全与全面实现民族地区小康社会

（一）全面实现小康社会基本理论

小康社会是古代思想家所描绘的诱人的社会理想，也表现了普通百姓对宽裕、殷实的理想生活的追求。1979 年 12 月 6 日，邓小平同志在会见来访的日本首相大平正芳时提出，中国现代化所要达到的是小康状态。他曾经说："翻两番，国民生产总值人均达到 800 美元，就是到本世纪末在中国建立一个小康社会。这个小康社会，叫做中国式的现代化。"有的学者认为，小康是介于温饱和富裕之间的一个生活发展阶段。不仅要从生活水平的角度来理解，还应把小康社会作为一个更加具有理论内涵的新概念，是一个体现经济和社会全面协调发展的新概念。其发展目标包括人民生活目标、经济发展目标、政治发展目标和社会发展目标等方面的内

---

① 陈志荣：《实现民族地区跨越式发展》，http：//www.hnmzst.gov.cn/V3/data/news/2008/01/558/，2008 年 1 月 14 日。

容。^① 所以，小康社会是一个经济发展、政治民主、文化繁荣、社会和谐、环境优美、生活殷实、人民安居乐业和综合国力强盛的经济、政治、文化全面协调发展的社会，是中华民族走向伟大复兴的社会发展阶段。邓小平同志不仅描绘了小康社会的发展蓝图，而且构想了建设小康社会的跨世纪发展战略，即著名的"三步走"发展战略。[2]

1997 年，江泽民同志在十五大报告中提出"建设小康社会"的历史新任务。进入 21 世纪，我国进入全面建设小康社会，加快推进社会主义现代化的新的发展阶段。十六大提出了到 2020 年全面建设小康社会的奋斗目标，并作出具体的战略部署。全面建设小康社会是我国实现现代化建设第三步战略目标必经的承上启下的发展阶段，也是完善社会主义市场经济体制和扩大对外开放的关键阶段。

进入小康社会是一个分领域、分地区、有先有后的发展过程。进入 21 世纪的时候，我们只是刚刚跨入小康社会历史阶段的大门，处于小康社会的初期阶段。这时候我们所达到的小康，是低水平的、不全面的、发展很不平衡的小康。所谓低水平，就是虽然我国经济总量已经达到一定规模，但人均水平还比较低。所谓不全面，就是目前的小康基本上还处于生存性消费的满足，而发展性消费还没有得到有效满足，社会保障还不健全，环境质量还有待提高。所谓发展很不平衡，是指地区之间、城乡之间，发展水平差距不小。全面建设小康社会，不仅包括经济建设、政治建设、文化建设、社会建设，还包括生态环境建设，使整个社会走上生产发展、生活富裕、生态良好的文明发展道路。但是，随着经济总量不断扩大和人口继续增加，污染物产生量还会不断增多，生态压力还会进一步加大，环境问题会更加突出。全面小康的经济目标，经过努力完全可以达到，而要达到小康社会对生态环境的要求难度很大。

① 中共中央文献研究室：《为全面建设小康社会、开创中国特色社会主义事业新局面而奋斗——党的十六大以来大事记》，http://www.xinhuanet.com/，2007 年 10 月 8 日。

② 陈志荣：《实现民族地区跨越式发展》，http://www.hnmzst.gov.cn/v3/data/news/2008/01/558/，2008 年 1 月 14 日。

进入 21 世纪，我国进入了全面建设小康社会、加快推进社会主义现代化的新的发展阶段。江泽民强调："没有民族地区的小康就没有全国的小康，没有民族地区的现代化就不能说实现了全国的现代化。"推进民族地区全面建设小康社会，对于逐步缩小全国各地区之间的发展差距、最终实现全体人民共同富裕，对于保持国民经济持续快速健康发展、实现我国现代化建设第三步战略目标，对于加强民族团结、保持社会稳定、维护祖国统一，都具有重大的意义。

（二）实现民族地区生态环境安全是全面实现民族地区小康社会的必然选择

党的十六大明确提出了全面建设小康社会的宏伟目标，其中基本判断有两个：其一，"总体上已经达到小康水平"；其二，"现在达到的小康还是低水平的、不全面的、发展很不平衡的小康"。全面建设小康社会难点就在落后的少数民族地区，这是由民族地区的四个因素决定的，即民族因素、贫困因素、边境因素和环境因素。20 世纪 90 年代以来，民族地区在中央和省区的财力支持下经济得到进一步发展，但由于起步比较晚、经济基础薄弱等原因，民族地区小康社会建设一直处于低水平运行状态，制约着国家经济的全面推进。积极促进民族地区小康社会建设关系到全面建设小康社会整体目标的实现。目前，关键在于能否为民族地区整体小康建设营造一个良好生态环境，这关系到民族地区人民生活水平的提高。因而，加速民族地区小康社会建设与实现民族地区生态环境安全同样具有不可忽视的紧迫性和必要性。当前，加速民族地区小康社会建设与实现民族地区生态环境优化两者共生共荣，应当在环境保护的基础上建设小康社会，同时在小康社会建设过程中促进生态的优化，因此实现民族地区生态环境安全是全面实现民族地区小康社会的必然选择。①

我国民族地区是生态十分脆弱的地区，民族地区的生态要素与当地的

---

① 中共中央文献研究室：《为全面建设小康社会、开创中国特色社会主义事业新局面而奋斗——党的十六大以来大事记》，http://www.xinhuanet.com/，2007 年 10 月 8 日。

生产、生活要素息息相关。长期以来，民族地区的放牧、索取、不注重保护的生产方式，以及高消耗、高污染的低层次、粗放式经济发展模式，造成了严峻的生态安全问题。民族地区人与自然的不和谐关系所造成的生态安全问题制约着民族地区全面建设小康社会和经济社会的协调发展，从而导致民族关系的不稳定以及由此带来的整个国家社会关系的不稳定。

无论从民族经济必须走可持续发展角度，还是从各民族生存的现实和未来发展，尤其是实现建设民族地区小康社会目标的角度来说，民族地区的生态环境保护都刻不容缓。同时，民族地区要建设小康社会，必须着眼于如何促进民族地区人民生存与发展的角度看待生态建设问题，结合当地情况，寻求生态效益和经济效益有机结合的发展模式，重点调整民族地区林业、畜牧业结构和民族地区农作物结构、农业生产布局结构：

1. 调整民族地区林业和畜牧业结构。退耕土地和宜林荒山要大力发展经济林和生态林；鼓励民族地区农民和社会集资承包、租赁、合作投资荒山荒坡种树种草，发展经济林木；处理好经济林与生态林的比例关系；发展特色林果业及其加工业，建设一批名、特、优、新的林业商品生产基地，实现生产基地化、果品名优化，和生产、储藏、加工、综合利用系列化；经济林品种的选择需要做比较细致的市场调研工作，减少大路货品种的种植，注意科学布局，注重名牌果品开发，增加优良品种比例，扩大稀有水果种植面积；经济林业的发展要适应市场变化，不断调整品种结构，生产适销对路的产品，开拓市场潜力，实现经济林种植的经济效益。

2. 调整民族地区农作物结构、农业生产布局。利用民族地区高原生态环境清洁无污染的特点，发展经济价值较高的农作物生产，重点发展宜于附加增值的花卉、药材及蔬菜等绿色农业产品；调整农业生产布局，重视对高山陡坡地区、江河上游源头地区及无人居住地区耕地草场的保护，采取强制性手段坚决制止盲目扩大垦殖面积、草场破坏性经营及森林掠夺式开采。

第二节 民族地区生态环境安全与民族问题

一 因自然资源的利用引发的民族矛盾与冲突

我国民族地区自然资源较为丰富，在漫长的地质年代中形成了品种多、储量大的矿产资源，且分布集中，易建成大型能矿基地；耕地和可开发利用的土地广阔，是民族地区开发潜力巨大的资源；水能资源丰富，开发条件有利，可为民族地区其他资源的开发和其他产业的发展创造良好的条件。总体来说，民族地区自然资源不仅丰富，而且还有着巨大的开发潜力。

开发利用自然资源的正面效应是显而易见的，但是也存在着某些不可避免的负面影响，这些影响是客观存在的，不容忽视。

首先，历史经验表明，自然资源的开发利用与自然生态环境的破坏，总是相伴而生。在开发利用自然资源时，对生态环境的破坏往往难以控制。在西部民族地区开发石油、天然气、煤炭等资源时，油（气）田、矿山建设极易造成周围草原、耕地的沙化；在能源开发过程中生产与农业灌溉争夺水源，或是对原有的居民地、水源地造成工业、"三废"污染等。诸如此类的问题如果处理不好，直接破坏了少数民族地区的生存环境，很容易引发当地少数民族群众的不满，从而导致民族矛盾和冲突。例如，发源于祁连山的黑河流经甘肃、内蒙古两省区，但位于上游的甘肃河西走廊的张掖市、临泽县、高台县沿途建造水库、拦河坝，层层截留黑河水源，造成的直接后果是处于下游的内蒙古自治区阿拉善盟额济纳旗河道干涸，草原沙化，当地的蒙古族牧民被迫迁徙他处。不仅如此，阿拉善盟土地沙化的加剧，也导致了近些年来我国西北地区沙尘暴频次迅速增加。上述水资源问题的发生，不仅极大地影响了当地的生态环境，而且也必然地对民族关系造成了极大的不良影响。① 又如，在甘肃和新疆交界地带存在着因分配矿产资源而造成的民族关系问题。2000 年 6 月，根据国务院勘界办对肃北县与哈密市行政区域界线的裁定意见和甘新两省区勘办的要求，在肃哈边界红岭处栽上了甘新边界一号界桩，至此甘新边界的勘定画上了句号，甘新关于马庄山金矿的纠纷也得以彻底消除。尽管这一问题得到了解决，但我们从中可以看出因自然资源的利用而产生的民族关系问题。因此，在民族地区进行自然资源的开发利用时应重视保护生态环境，否则，会因生态环境的破坏而引发当地的民族矛盾，进而引发更深层次的社会与国家问题。②

其次，西部大开发中，国家大量地开发利用民族地区的森林、草原、矿产、水力等各种自然资源，而土地、草原、森林等自然资源又是一些少数民族的生活源泉，在开发利用时如果不给予同等于全国或高于全国的经济补偿或其他补偿，尽可能的让利于当地少数民族群众，则不仅达不到把潜在的资源优势变为现实的经济优势，而且会引起开发民族与当地民族之间的矛盾和冲突，不利于民族团结。因为在开发当地资源时如果没有使当地少数民族群众脱贫致富，难免就会使当地少数民族产生一种"被侵入"、"被掠夺"的感觉，进而自然演变成本能的抵触和排斥情绪，从而导致民族矛盾和冲突，影响民族关系的巩固和发展。

二　因生态环境恶化引发的民族贫富差距问题

民族地区随着人口的不断膨胀，为了生产和生活的需要，乱砍滥伐、过度开垦、超载放牧以及历代战乱破坏等诸多人为因素，导致民族地区的生态环境不断恶化，突出表现在以下几个方面：

1. 水资源分布严重不均，水土流失严重。例如我国西北民族地区，

---

① 马平：《西部大开发对当地少数民族关系的影响及对策》，载《宁夏社会科学》2001 年第 2 期。

② 徐黎丽：《论西北少数民族地区生态环境与民族关系问题》，载《西北民族研究》2004 年第 4 期。

大部分降水稀少，属于干旱半干旱地区，年降水量低，有些地方甚至终年无雨，导致地表水量亦低。而西南民族地区却降水充沛，水能储量丰富。可见，由于民族地区的气候以及地理原因，使得该地区水资源的分布严重不均，给开发利用带来很大的困难；再加上长期的工业污染与人为破坏，许多水资源的水质已经极度恶化。民族地区的水土流失现象也极为严重，一些开发建设项目忽视水土保持，造成严重的水土流失。更为严重的是内陆河流域，由于其上游地区过量引水灌溉，致使注入下游的水量不断减少或完全断流，灌区重心上移，给下游地区的生态环境带来直接灾难。

2. 沙尘暴频繁暴发，沙漠化有增无减。我国属于世界上沙漠化危害严重的国家。尤其是西部的民族地区，分布着全国最大的沙漠戈壁。由于一些天然植被的人为破坏和衰亡，沙漠化的面积进一步加大。我国的沙漠化是人为干预的结果，它导致了严重的生态环境恶化，沙尘暴便是恶果之一。西北地区每次沙尘暴来袭，都导致了农作物的受灾，牲畜的丢失和死亡，甚至人员的伤亡和失踪，造成了巨大的经济损失。

3. 森林大面积消失，植被覆盖率低，自然灾害越来越严重。尤其是西北民族地区，本身森林和植被覆盖率就较低，人工种植林草成活率又不高，加之乱砍伐、乱挖、乱采等人为破坏，造成植被破坏严重，毁坏了大量原始森林，破坏了水土保持和水源涵养的绿色屏障，造成了地质面貌改变、水土流失严重、灾害面积迅速扩大的严重后果，危及这些地区的生态安全。

除上述几种主要现象外，民族地区的生态环境恶化还表现为石漠化现象严重；土壤盐渍化严重，土地生产力下降；河湖萎缩干涸，水质严重恶化；山区生态遭受破坏和威胁以及物种生存条件严酷，可利用土地资源锐减，湿地破坏，大气污染严重，生物多样性受威胁等方面。①

由于民族地区生态环境恶化，再加上自然条件、历史和现实的诸多因

---

① 马志荣、陈锦太：《西部民族地区生态环境恶化现状及保护对策探讨》，载《甘肃高师学报》2003 年第 1 期。

素影响，少数民族地区的经济发展水平处于全国后进之列。根据《中国统计年鉴》的资料显示，1978 年东部地区国内生产总值是西部地区（少数民族主要聚居在西部）的 2.77 倍，人均国内生产总值是西部地区的 1.99 倍，到 2004 年国内生产总值的倍数扩大到 3.45 倍，人均国内生产总值的倍数则扩大到 2.72 倍。现在，西部与东部地区在总产出和人均产出上的差距几乎呈直线增长。[①] 由于贫困，处在高寒、偏远、石山地区的少数民族往往更易于产生诸多有违生态规律和经济规律的行为，其重要的表现是迫于生存的需要，更大限度地从自然界获取生活资料。迫于生存，人们不得不选择开荒种地、扩大粮食种植面积等方式，由此导致了一种不良循环：生态环境不好—贫困—落后的破坏性耕作方式—生态环境进一步破坏、粮食产量低—贫困。以甘肃东乡族自治县为例，它是国内重点贫困县，也是全省扶贫攻坚的"七县一片"之一。全县辖 25 个乡镇，229 个行政村，1893 个合作社，总户数 4.8 万户，总人口 26.94 万人，其中东乡族占 82.21%，汉族占 12.98%，回族占 4.78%，其他民族占 0.03%。全县总面积 1510 平方公里，其中陆地面积 1462 平方公里。总耕地 37.7 万亩，占总面积的 17.16%，人均 1.52 亩。在耕地面积中，山旱地 32.92 万亩，占 87.33%；川源地 4.77 万亩，占 12.7%。境内群山起伏，沟壑纵横，土地支离破碎，干旱缺水，植被稀疏，灾害频繁，自然条件严酷。全县 25 万各族群众分散居住在 1750 条山梁和 3083 条沟壑中，生活水平低下，既靠天吃饭，又靠天吃水。全县最高海拔 2664 米，最低海拔 1735 米，年均降水量 350 毫米左右，最低仅为 216 毫米，干旱是东乡县最频繁、最严重的自然灾害。由于植被稀疏，大面积山旱地拦蓄能力差，水土流失严重，全县经济文化落后，社会发展缓慢，处在社会主义初级阶段的

---

① 张雪雯：《资本存量对东西部地区经济差距的影响及"贫困陷阱"问题分析》，中国优秀硕士学位论文全文数据库，http：//www.cnki.net/kcms/detail/detail.aspx? dbcode = CMFD&QueryID = 0&CurRec = 2&dbname = CMFD9908&filena me = 200671615.nh&uid = WEEvREdiSUtucElBV1VFQ2-MzNm14QmNOT0NnYXYrbz0 = ，2008 年 1 月 12 日。

最低层次，素有"陇中苦瘠甲天下，东乡苦瘠甲陇中"之说。①

当前，急剧恶化的生态环境使许多少数民族地区的普通百姓的生活受到极大影响，而东中部汉族的生活水平因为经济的快速发展而不断提高，西部少数民族与东中部汉族的生活水平相差甚远，少数民族与汉族的隔阂会因此而加深。因此，要重视研究生态环境恶化引发的民族贫富差距问题，找出解决途径，缩小民族贫富差距。

三　因生态环境保护引发的民族纠纷

上文已提到，因生态环境的恶化而引发了民族贫富差距问题。解决此问题的关键就是对生态环境进行保护。可以说，处理好民族地区生态环境的保护问题，效果将是多方面的：

首先，生态环境保护能促进民族地区经济的发展，进而解决贫富差距问题。发展经济与保护生态环境之间可以是一种相互促进的关系。保护环境本质上就是保护资源和生产力，促进能源和资源的节约，这有助于经济的增长和效益的提高；反过来，经济的发展又为环境保护提供了物质条件和技术基础，两者相辅相成，形成良性循环。

其次，人总是生活在一定的自然环境中，每天都要从外界摄取空气、食物和水分，这些物质受到污染，达到一定程度，就会对人体健康造成危害。因此，良好的自然环境是人类赖以生存的前提条件。对民族地区的生态环境保护好了，少数民族的生活质量也会随之提高。

最后，加强生态环境保护，可以保护自然生态系统中的生物多样性资源。生物多样性资源是大自然赋予人类的宝贵财富，我们应该保护好这一资源，保证物种和生态系统的永续利用。这样能有利地促进经济社会的可持续发展，使子孙后代得以永续利用，造福子孙后代。

然而，在民族地区生态环境的保护过程中，不可避免地涉及当地少数

①　徐黎丽：《论西北少数民族地区生态环境与民族关系问题》，载《西北民族研究》2004年第4期。

民族群众的切身利益问题。所谓民族利益，是指正当的、合法的、民族应有和应得的利益，它是民族关系中的核心，从某种意义上讲，民族关系也是各民族之间的利益关系。公平合理的利益划分和享受，会促进民族之间的和睦与团结，反之可能导致民族之间的矛盾和纠纷。

在现有的条件下，为了缓和民族地区生态环境的日益恶化，必须尽快采取措施通过保护生态环境来提高经济效益。在民族地区实施坡耕地退耕，使原来的耕地退耕还草；在林区实行封山、封荒、育林育草；在牧区实行围栏、封育和轮牧等措施保护和恢复好现有的林草植被；严厉禁止在草原上挖药材、搂发菜等措施，在一定程度上会涉及很多民族地区农牧民群众的现实经济利益问题。因为长期以来，由于人口的不断增长和生产科技含量低下，我国大部分民族地区的农牧业生产是以扩大耕地面积，增加牲畜头数来增加产量和效益的。那么今天，在生态环境保护中所采取的各项措施，必然会影响一部分农牧民的既得利益。[1] 对民族地区的这些农牧民来说，如果草地、林地都被保护起来，不让进行农牧业生产，他们的生存问题就受到了现实的威胁。生存权是人最基本的权利，我们不可能要求少数民族群众为了生态环境保护而使其生活质量下降甚至放弃生存权，除非给予他们一定的合理的利益补偿。所以，这些问题如果处理不好，直接影响民族地区生态经济建设步伐，而且容易招致当地少数民族群众的不满，从而导致民族关系的紧张，民族纠纷的产生。

在民族地区生态环境保护的过程中，还存在着生态环境保护项目在效益问题上的严重冲突。我国的民族地区是我国的生态环境脆弱地区，也是我国生态环境保护的重要区域。在民族地区进行生态环境保护，受益的是全国。然而，在现阶段，环境资源经济利用的限制和生态保护的直接支出，后果是由民族地区承担。民族地区直接经济利益的损失和全国生态效益的增加在主体上是不一致的，这是民族地区作出的牺牲。[2] 如果不对整

① 　乌仁其其格：《西部生态经济建设中的民族关系问题》，载《前沿》2002 年第 9 期。
② 　王涪宁：《民族地区生态补偿及保障制度探析》，载《中央民族大学学报（哲学社会科学版）》2007 年第 2 期。

个民族地区进行生态补偿，同样会引发民族纠纷，这种民族纠纷将会更具有地区性、政治性。

四　因生态移民引发的民族问题

随着民族地区现代化进程的深入，人与自然之间的平衡状态被破坏了，经济发展和生态环境保护之间发生了激烈的冲突。人口不断增加，生态日益恶化，经济社会发展不相协调。此时，为了可持续发展的目的，保护环境、恢复环境是必然选择，生态移民工程便是达到这个目的的手段之一。

生态移民即环境移民，系指原居住在自然保护区、生态环境严重破坏地区、生态脆弱区以及自然环境条件恶劣，基本不具备人类生存条件的地区的人口，搬离原来的居住地，在另外的地方定居并重建家园的人口迁移。其目的是从恢复生态、保护环境、发展经济出发，把原来位于环境脆弱地区高度分散的人口，通过移民的方式，使他们集中起来，形成新的村镇，在生态脆弱地区达到人口、资源、环境和经济社会的协调发展。[①] 民族地区的生态移民不是一项简单的工程，它有可能引发许多问题，进而影响民族团结。

（一）移民迁入生态较好的地区后如何生活的问题

移民离开原来的居住地，便失去了原有的耕地、牧场，未来如何生活？尤其是从粗放型农业生产转化为精细农业，或是直接从事第三产业，如何适应生产体系的转化，决定了移民的生存和生活质量。解决不好的话，移民就面临着极大的压力，失业风险大大增加。由此，便会产生大批的贫困人口，导致生态移民的目的达不到，反而增加了移民的不平衡心理，影响了民族团结。

（二）移民引发的民族语言使用问题

从目前情况看，民族地区移民的大多数不是迁入大中城市，就是定居

---

① 李继翠、程默：《西北农村人口对生态环境的压力与生态移民的战略选择》，载《哈尔滨工业大学学报（社会科学版）》2007年第1期。

在一些小城镇周围,这当然有利于民族人口的城镇化,但同时也引发出一些令人深思的问题,那就是,本来就是少数民族,进城后越发突出了"少数"这一特点。这就是说,一部分少数民族人口进城后,他们的民族语言使用问题首先受到冲击,由于语言环境的变化,等待他们的将是更多的意想不到的麻烦和困难。①

(三) 移民迁出后原有的社会关系不确定问题

生态移民大多是采取集中搬迁、分散安置的形式,还有一些属分散搬迁,集中安置。不管怎样,亲朋好友分离,原有的社会关系都产生了重大的变化。原先的个人社会关系网也解体了。人毕竟是生活在社会之中的,社会关系网对人的生活、对人的发展都是极其重要的,而社会关系网的构建又不是一朝一夕的事情。所以,进入新的社区后,由于生活习惯、文化等各方面的原因,要构建新的社会关系并非易事,很有可能因此给民族地区的移民带来极大的压力,影响移民群体的心理健康,增加不稳定因素。

(四) 生态移民关系到少数民族的受教育权

我国宪法规定,中华人民共和国公民有受教育的权利和义务。受教育权对少数民族来说应该是更为重要的。少数民族人口素质的提高,少数民族的生存和发展,少数民族文化的发扬光大,都有赖于其受教育的发达程度,这是少数民族进步的关键。对于生态移民来说,迁入后如何落实其受教育权,是教育部门和民族工作部门等必须解决的一个问题。然而,由于少数民族本身的特点及教育投入等原因,从目前的移民情况看,这一问题并未得到妥善解决,这也必将引发少数民族的不满。

(五) 生态移民产生的风俗习惯和宗教信仰等方面的问题

许多少数民族都有自己的风俗习惯和宗教信仰,而迁入地的汉族群众或其他少数民族群众对此可能不了解,进而忽视了少数民族的风俗习惯和宗教信仰,导致民族间摩擦。这种事情时有发生。如在穆斯林移民聚居区

---

① 乌力更:《试论生态移民工作中的民族问题》,载《内蒙古社会科学(汉文版)》2003年第7期。

的一些餐馆、食品生产厂家未经当地民族事务部门审核，擅自张贴"清真"牌照和标志，伤害了穆斯林群众的感情和合法权益；还有个别城市不重视较少人口民族（如俄罗斯族）的丧葬习俗，没有妥善安排墓地，造成这些人口较少的少数民族的合法权益得不到保障，心理失衡，使少数民族之间产生矛盾。①

总之，为了脱贫、恢复生态、生态安全并最终实现各民族的共同繁荣，从而获得建立社会主义和谐社会的物质保障，一些民族地区实行生态移民是必然的。然而，生态移民存在着风险，尤其是当它发生在民族地区时，就与民族问题联系在了一起。因此，我们在关注生态移民的积极作用时，更应高度重视它有可能引发的一系列影响民族团结的问题，妥善解决，才能真正发挥少数民族地区生态移民所应有的功用。

五　甘南藏族自治州的生态环境安全与民族问题

甘南藏族自治州居住着藏、汉、回、蒙古、土等 24 个民族，2003 年末总人口为 67 万人，少数民族人口占总人口的 55%（其中藏族占总人口的 50%），是中国西部少数民族的重要聚居区。其地处青藏高原东部与西秦岭和黄土高原的过渡带，地形以高原和山地为主，平均海拔 3000 米，气候高寒，年降水量 444 ~ 783 毫米。有白龙江、洮河、大夏河、拱坝河等河流及其 120 多条大小支流，是黄河、长江上游水源涵养区之一，是黄土高原与青藏高原交汇带的重要生态屏障。然而，20 世纪 80 年代以来随着地区经济的发展和人类对环境干预的逐步增强，加上全球环境变化的影响，生态环境问题越来越突出，由此还引发了一系列的民族问题。②

（一）因草地资源的利用引发的民族矛盾与冲突

甘南藏族自治州共有天然草场 272.34 万平方公里，占总土地面积的

---

① 徐黎丽：《论西北少数民族地区生态环境与民族关系问题》，载《西北民族研究》2004年第 4 期。

② 李志刚、段焕娥：《西北高寒民族地区生态环境问题及农牧业发展》，载《地理科学》2005 年第 5 期。

70.28%。据调查统计，全州有近90%的天然草场出现不同程度的退化。其中，重度退化、中度退化的草场面积分别占全州天然草地面积的30%和50%。草地鼠、虫害面积占天然草地面积的47%。[①]因为草地生态环境的日益恶化，草场资源尤其是优质的草场资源日益紧张。生活在这里的牧民为了生存，争夺草山和牧场，省际之间、县际之间、乡际之间，甚至村与村之间，草山纠纷事件时起时伏，发生了多次规模不小的群体性纠纷，且日趋严重，直接影响了该地区的社会稳定、民族团结和经济建设。

（二）因生态环境的恶化和生态环境保护引发的贫困和社会稳定问题

近几十年来，甘南藏族自治州对自然资源过度采伐、开垦，使当地的生态环境不断恶化，其后果是气候反常、风雨不调、频繁的自然灾害，旱、涝、雹灾也逐年升级，泥石流、山体滑坡时常发生，农牧业深受影响，粮食减产，农牧民收入下降，当地人民的生命财产无法保障。这使得当地少数民族群众与其他地方尤其是东部汉族群众的贫富差距大大拉大了。

同时，由于生态环境保护是有成本的，会影响到当地少数民族群众的既得利益。如限制牧民放牧，其短期经济利益自然会受到影响。如果没有其他的促进措施，对当地生态环境的保护很有可能就会引发一些民族纠纷，影响当地的社会稳定。

（三）因生态移民引发的牧民生活和就业问题

由于甘南牧区人口生态压力严重超载，生产经营方式较为落后，致使牧区难以持续发展，亟须生态移民。然而，生态移民后，牧民的生产方式将由游牧向放牧与舍饲圈养相结合的方式转变，习惯于靠天养畜的牧民要适应这种生产方式需要很长的一段时间。定居后，一部分牧民从事畜牧业，其他牧民需要转产，牧民一方面担心无法适应新的就业岗位，另一方面也担心没有新的岗位可供自己就业。

---

① 李志刚、段焕娥：《西北高寒民族地区生态环境问题及农牧业发展》，载《地理科学》2005年第5期。

第三节　民族地区生态环境安全与
民族地区经济发展

一　生态环境承载力与民族地区经济发展

（一）生态环境承载力

生态环境是人类赖以生存和发展的基础。对于发展中国家来说，生态环境及其所孕育的自然资源更是国民经济发展的支柱。只有在遵循自然规律的前提下，合理开发利用自然资源和改善生态环境，才能使经济得以持续、稳定的发展。

承载力概念引入生态学后发生了演化与发展，体现了人类社会对自然界的认识不断深化，在不同的发展阶段和不同的资源条件下，产生了不同的承载力概念和相应的承载力理论。生态承载力是生态系统的自我维持、自我调节能力，资源与环境的供应与容纳能力及其可维持的社会经济活动强度和具有一定生活水平的人口数量。[①] 对于某一区域，生态承载力强调的是系统的承载功能，而突出的是对人类活动的承载能力，其内容包括资源子系统、环境子系统和社会子系统。所以，某一区域的生态承载力概念，是某一时期某一地域某一特定的生态系统，在确保资源的合理开发利用和生态环境良性循环发展的条件下，可持续承载的人口数量、经济强度及社会总量的能力。

在环境污染蔓延全球、资源短缺和生态环境不断恶化的情况下，科学家提出了环境承载力的概念，它反映了环境与人类的相互作用关系，在环境科学的许多分支学科得到了广泛应用。就生态环境的特点而言，民族地

---

① 陈端吕：《生态承载力研究综述》，载《湖南文理学院学报（社会科学版）》2005 年第 4 期。

区大多是地处边陲、偏远山区、牧区，其中大部分属高山高寒地区、山间盆地、坝区、草原、沙漠戈壁地区。土地瘠薄、有机物含量较低，植被稀疏，岩石裸露，降水量少，气候多样，以寒冷、干燥为主，不利于农牧业生产的发展，生态环境十分脆弱，生态平衡极易失调。[①]

生态环境的承受力，是指可以承担人们追求经济发展给社会生态环境所带来的不利影响，即生态环境允许人们以当今生产力发展所能达到的方式和速度，开发利用自然资源，发展社会经济。前苏联巴库油田的由盛而衰就是一例，事实上也证明这种开发方式贻害无穷，我国的西部地区的镍、铅、铜等原材料产品工业以及一度繁荣的资源型城市，随着资源的枯竭和资源政策的变化而日趋衰落，都处于痛苦的转型期。这种资源依托型开发，不仅严重地破坏了生态环境，而且对自然资源的可持续发展也将产生毁灭性的影响。

（二）生态环境承载力与我国民族地区经济发展间的矛盾

生态环境与经济发展实质是人与环境关系的一个侧面，而且是一个最为重要的方面，它们之间是一种相互依存、相互促进的矛盾统一关系，二者荣则共荣、枯则共枯。生态环境是经济发展的基础和条件，这是因为生态环境养育了经济发展所不可缺少的自然资源。目前我国民族地区开发正处于一个十分关键的发展时期，但经济发展与生态环境的承载力之间却存在着十分尖锐的矛盾。如耕地减少和一系列生态环境恶化问题的与农业生产发展的矛盾；经济活动空间扩大与生态环境脆弱的矛盾；生产技术落后造成资源利用率与资源短缺的矛盾；经济发展与生态环境超载的矛盾等。

我国是发展中的社会主义国家，处于社会主义初级阶段，民族地区处于这个阶段的更低层次，社会生产力发展低下，经济基础十分薄弱，因此大力发展经济，努力提高人民的生活水平，是民族地区政府目前的当务之

急。尤其是在各民族传统观点"宁缺粮勿缺丁"、"有丁有粮"的影响下，致使人口大量增加，面对贫穷和落后，政府只能不惜一切代价来发展经济，提高人均 GDP。但是经济的发展要以环境的承载力为前提，我们不能以破坏环境的代价来作为经济发展的突破口，虽然到最后经济是发展了，人民生活水平是提高了，但是环境一旦被破坏，它所造成的负面影响是十分严重的，而且环境的事后恢复成本要比破坏的成本以及所带来的经济利润要高得多。

民族地区生态环境承载力与经济发展的种种矛盾，其关节点实际上就是"生存与建设"矛盾。人类首先要实现自己的生存权，只有解决了衣、食、住、行，才可能考虑其他方面的发展。因此，目前我们在没有根本解决西部民族地区的温饱问题的情况下，要维持生态平衡，实现经济社会的可持续发展必然是举步维艰。

二　自然资源与民族地区经济发展

自然资源是人类从自然界获得并用于生产和生活的物质与能量，它不属于个人所有，是一定社会的共同财产，对它们的合理开发与利用、保护与再造对社会经济的整体发展有着较大的影响。土地乱批、乱占、滥用，森林滥砍、滥伐，煤炭资源的非法开采，渔业的过度捕捞等，是我国民族地区自然资源开发与利用中一直存在的突出问题。要实现民族地区经济利益与环境利益的适度共同提升，我们需要"转化"自然资源生态价值的"公共品"属性，使其具有"私人品"的市场属性，能够与自然资源的经济价值一起，通过参与市场机制的优化配置，实现自然资源双重价值的最大化。

在我国长期的计划经济体制的影响下，国家实行高度集权的管理体制，尽管我国民族区域自治法规定了自治地方自然资源开发利用的自主权，但国家在民族自治地方资源开发利用上"索取"的多，而"补偿"

的少①。长期以来，国家经济增长是靠消耗资源来维持，虽然社会财富增长很快，有力地促进了当地经济社会的发展，但因未充分考虑到自然资源生态价值与经济价值的一致性，以及自然资源"隔代分配"问题，采取短期行为，穷挖滥采，使民族地区经济发展面临资源枯竭，进而影响到自然资源的生态安全和人类后代的生存与发展。关于民族地区自然资源与民族地区经济稳定发展间的矛盾主要体现在以下几点：

（一）所有制结构单一，地方经济缺乏竞争能力

我国多数民族地区，由于历史、地理原因，生产力水平较低，自身积累的能力弱，相当多的重要自然资源由国家投资垄断开发，单一的自然资源所有制有着较高的体制成本，包括企业内部管理人员太多而产生的管理成本、摩擦成本、效率低的代价成本、企业办社会和办政府成本，还有企业与政府、中央与地方的协调成本，等等。由于成本高昂，自然资源的优势被抵消，地方经济普遍缺乏竞争能力，而且大型的资源性国有企业由于自成体系，对民族地区经济没有太大的带动作用。

（二）民族地区自然资源开发中的财产权利模糊

自然资源是稀缺的，稀缺的自然资源只有在产权明晰和有效实施条件下利用才会有效率。我国民族地区自然资源的掠夺性开发，一个很重要的原因在于自然资源开发过程中产权不明和未有效实施。例如，草原使用权、土地使用权、森林采伐权、采矿权、水权等自然资源财产权利，在立法中都予以明确的规定；但是在部分民族地区却存在着有法不依、执法不严的情况，许多民族地区群众的自然资源财产权利无法得到切实的保障，甚至受到不法侵害，直接影响到民族地区群众的基本生存问题和当地经济稳定发展。因此，明确界定自然资源开发中的财产权利并有效实施，是民族地区实现经济稳定发展的中心环节。

（三）无偿利用或低价利用自然资源，加速了资源危机，制约着民族

---

① 王允武：《完善自治法保障民族地区自然资源开发利用》，载《西南民族学院学报》1997年第4期。

地区经济稳定发展和可持续发展

民族自治地方的资源尤其是矿产资源属国家所有，国有、集体和个体单位均可依法开采，但资源的无偿或低价耗用，造成资源毁损、浪费严重，导致民族自治地方资源剧减，资源危机以惊人的速度发展。同时，自然资源被集体或个体经营者大量侵吞的现象时有发生，造成国有资产严重流失；无偿采矿，诱发并助长了掠夺式开采，导致乱采滥挖，不搞综合利用等，使本就利用率不高的矿产资源，更是雪上加霜；森林的过度砍伐，造成水土流失等情况严重制约着民族地区经济稳定发展和可持续发展。

三 生态环境保护与民族地区经济可持续发展

我国西部大开发战略的实施，给民族地区的经济发展带来了无限生机，也给环境保护带来了前所未有的机遇。我国西部地区基本上是少数民族聚居区，不仅经济落后，而且生态环境十分脆弱，草场退化、沙漠化面积扩大，乱砍滥伐屡禁不止，水土流失十分严重，水源和大气污染加剧等等，使少数民族地区的环境问题已经成为西部大开发中必须首先面对的问题。江泽民同志指出：改善生态环境，是西部开发建设必须首先研究和解决的一个问题，而西部民族地区可持续发展的压力也来源于生态环境问题。只有处理好二者之间的关系，西部少数民族地区繁荣稳定和可持续发展才具有可能性。在西部大开发中切实保护好自然环境，既是推动西部大开发重要而紧迫的任务，也是民族地区实施大开发、求大发展的根本切入点。①

（一）民族地区生态环境保护的滞后与民族地区经济可持续发展

通常认为，民族地区在自然资源丰裕度高、经济发展速度又低的情况下，应该说在充分保护生态环境的情况下，实施可持续发展是有可能的。但事实却不完全是这样，我国民族地区由于知识能力差，导致技术、资金

---

① 中共中央文献研究室：《为全面建设小康社会、开创中国特色社会主义事业新局面而奋斗——党的十六大以来大事记》，http://www.xinhuanet.com/，2007年10月8日。

和管理能力的缺乏，自然资源难以得到充分优化利用。在自然资源的利用过程中，重发展、轻环保，忽略了生态环境问题。同时由于民族地区处于后发展地区，经济发展的任务十分繁重，环境保护与经济发展的矛盾比较突出，环境形势十分严峻，生态环境恶化的趋势仍然没有得到有效遏制，生态环境恶化导致气候异变，自然灾害频发，大气和河流污染严重，对农牧业生产构成很大的威胁，直接影响农牧业生产，制约着民族地区经济可持续稳定快速发展。①

另外，与其他地区相比，我国西部民族地区由于受特殊的自然与地理因素的影响，生态环境脆弱，气候寒冷，降水稀少，植物生长期短，生长缓慢，一旦被破坏，短期内难以恢复，甚至不再恢复；再加上民族地区生态环境治理的特殊性和治理工作的滞后性，治理范围大，难度大，资金投入大，这就要求我们在环境保护上比别的地方更要加倍努力，才能承担起历史的责任。因此，我们必须树立长远观点，既要考虑当前，更要考虑未来，不能以牺牲后代人的利益为代价来满足当代人的需要，更不能走"先污染，后治理"、"先破坏，后恢复"的路子，一定要站在全局的战略的高度，认识生态建设和环境保护工作的重要性、艰巨性和长期性，以高度的政治责任感和历史使命感，做好环境保护工作，努力推进可持续发展战略的全面实施。

（二）民族地区经济可持续发展与生态环境保护措施

我国西部开发过程中民族地区发展的目标是："以人为本"，实行"富民"政策，加快社会进步，实现可持续发展。其中，以保护和改善生态环境为根本的可持续发展战略，涉及消除贫困，控制人口，产业调整，经济增长方式转变等一系列问题，具有复杂性和长远性，只有在政策的大力倾斜之下，通过国家支持、区域间帮扶和自身努力才能实现。

保护和改善民族地区生态环境是西部大开发民族地区实施经济可持续

---

① 许建业：《正确把握生态环境保护与民族地区经济可持续发展之间的关系》，载《青海农林科技》2002年第2期。

发展的重中之重，需要一系列特殊措施的支持。我国为支持西部民族地区生态建设和环境保护应当出台一些重要政策措施，如实施的生态建设工程，防沙治沙工程，"三北"防护林工程，保护母亲河工程，天然林保护工程，退耕还林、还草工程等。这些政策措施将对西部民族地区生态环境改善和经济的发展产生积极的促进作用。[①]从表面上看，国家大量的政策措施导致资金投入于西部生态环境的保护，对整体经济的发展可能没有积极的推动作用，甚至可能产生阻碍其他地区经济发展的作用。但从实质上看，社会是一个整体，内在的包含了许多要素，包括经济、政治、文化和环境等，可一旦系统中的任何一个要素出现了问题，其他要素都不可避免地受到影响，最终的结果只能是导致整个系统的破坏。因此，在实施西部大开发战略过程中，民族地区在努力获得国家政策措施和资金的同时，还要借助以往经验，积极扩大对外开放和经济交往，充分利用国外资金、基金、机制和技术，促进民族地区经济可持续发展与生态环境保护工作的共同进步。

综上所述，生态环境的保护与民族地区的经济发展不是天然协调的，他们在各自的发展中会产生各种各样的矛盾，只有国家和民族地区政府充分协调，在以人为本的科学发展观的指导下，在全社会树立充分的生态环境保护意识，把民族地区生态环境的保护放在第一位，不能以牺牲生态环境为代价来达到经济的快速发展，只有在环境得到根本的改善与保护的前提下，才能进一步的发展经济，真正地实现生态环境保护与民族地区经济的可持续发展。

四　甘南藏族自治州生态环境安全与经济发展

近几十年来甘南藏族自治州出现了对森林资源的盲目开采，对草场资源的超载放牧等，超过了当地生态环境的承载力，使当地的生态环境日益

---

① 中共中央文献研究室：《为全面建设小康社会、开创中国特色社会主义事业新局面而奋斗——党的十六大以来大事记》，http://www.xinhuanet.com/，2007年10月8日。

恶化。而生态环境的恶化，不仅不利于当地少数民族群众的生产和生活，而且直接导致当地的经济贫困。同时，当地经济的贫困反过来又加剧了生态环境的恶性循环，制约了当地经济的可持续性发展。在甘南藏族自治州生态环境安全与经济发展方面，突出表现为以下两个方面：

（一）草原环境承载能力和牧区传统经济增长模式与生态环境安全间的矛盾

甘南藏族自治州的经济以农牧业为支柱，牧区传统经济增长模式是连接牧区经济发展问题和草原生态问题的共同基础，也是草原牧区整个生态经济问题的根源所在。

牧区传统经济增长模式由相互联系的三个环节组成：一是以草原牧业和种植业为主的初级单一型产业结构；二是单纯依赖增加存栏牲畜数量或耕地面积实现增产、增收的粗放型经济增长方式；三是投入产出在农牧民家庭内部自我循环的封闭、半封闭型微观经济运作方式。在这种经济增长模式下，因牧区人口增长和农牧民脱贫致富而产生的增产增收需求，只能通过初级农畜产品产量增长来满足，而农畜产品产量增长又只能通过增加草场载畜量、开垦草原扩大种植面积等粗放型途径来实现。由于草原载畜能力和环境承载能力的有限性客观上限定了牧区经济粗放增长的空间，因而牧区牲畜数量和粮食产量不可能年复一年持续增长下去，一旦畜产品产量和粮食产量停止增长，牧区总体经济发展就会受阻，贫困问题就会加剧，这是一方面。另一方面，在日益增强的牧区人口压力和广大农牧民脱贫致富压力推动下，牧区经济粗放增长终究会导致草场超载过牧、资源过度开发利用和牧区生态环境全面退化等生态问题。[①]

（二）牧区草场生态环境资源权利配置与生态环境安全间的矛盾

在甘南藏族自治州的牧区草场生态环境资源权利配置方面，首要关注的是草场承包责任制。甘南藏族自治州的牧区草场承包责任制落实得并不

---

① 邓艾：《可持续发展的草原生态经济模式》，载《西北民族学院学报（哲学社会科学版）》2002年第6期。

完善，当地牧民未真正拥有所承包草场的排他性法定产权，牧民行使对承包草场进行有偿转让、转包、租赁、抵押、入股等方面的自主权时有诸多限制。这样，草场就不能成为对牧民具有市场价值的资产，亦不能建立起广大牧民自觉保护草原、以草定畜、进行草场建设投资的内在激励机制，最终将不利于经济发展。此外，所有制结构单一，产权不明晰也造成了当地资源不能得到有效利用甚至造成对环境的肆意破坏，影响了当地经济的可持续发展。

可以说，保护好甘南藏族自治州的生态环境，对全州社会经济的可持续发展有重要的意义，而且对整个黄河、长江流域生态环境的改善都有重大的影响。因此，保护当地的生态环境刻不容缓。然而，当地的贫困使得对经济发展的要求极为迫切，而生态的恢复又是一个长期的过程，还需要大量的投入，这必然使两者发生矛盾。由于可持续发展才是真正的发展，所以，当地不能以牺牲生态环境为代价来求得一时的经济发展，而应做好各种制度上的安排、制定一系列的激励机制，在保护环境的前提下发展经济，调和两者的关系。

第四节　民族地区生态环境安全与民族传统文化

一　生态环境安全与民族文化类型的密切关系

中国是一个多民族、多种生态环境和多元文化的国家。由于地域辽阔，地理生态环境复杂多样，各民族生活于不同的地理环境，在对环境的适应和改造过程中，创造出各具特色的文化。概括说来，从新石器时代起，在中国多民族文化中，就形成了下述几个主要的生态文化区：1. 北方和西北游牧兼事渔猎文化区，具有以细石器为代表的新石器文化，文化遗址缺乏陶器共存，或陶器不发达，这体现出随畜迁徙的"行国"的特点。2. 黄河中下游旱地农业文化区，中游以仰韶文化及河南龙山文化为代表，后来发展为夏文化，下游以青莲岗文化、大汶口文化及山东龙山文化为代表，后来的发展应为商文化。3. 长江中下游水田农业文化区，中游以湖南石门皂市下层、大溪文化及京山屈家岭文化为代表，文化的主人尚待进一步研究；下游以河姆渡文化、马家浜文化——松泽文化及良渚文化为代表，发展为百越文化。以上三大文化区，除黄河中下游的旱地农业文化区为中原的华夏族——汉族所创造外，北方的畜牧业文化和南方的稻作文化，则分别为我国古代民族胡人和越人所创造，而且基于其经济、文化力量，各自形成了强大的政治力量。

此外，在我国南方尚有山地耕猎文化区，包括部分滇黔山区、湘桂山区及武夷山区的苗、瑶、畲等民族文化，垦殖山田，辅以狩猎，部分低平地区间种水稻，创造出独特的文化。康藏高原有以耐寒青稞为主要作物和畜养牦牛的农作及畜牧文化区，以藏族为主创造出独特的藏文化。在西北则有经河西走廊至准噶尔和塔里木两大盆地边缘的绿洲灌溉农业区兼事养牲业的维吾尔、乌兹别克等民族，创造出具有特色的绿洲文化。此外有西南山地火耕旱地农作兼事狩猎的文化区，包括分布在藏南、滇西北至滇南的横断山脉南段山区的珞巴、独龙、怒、傈僳、景颇、佤、基诺等民族，他们创造了适应亚热带山区环境，具有一定共性而又各具特点的文化。其他如海南岛五指山区的黎族和台湾的高山族，也都有各具特色的文化创造。[①]

如上所述，生态环境与民族文化类型的关系如此密切，以致处于类似生态环境的民族其文化创造虽各有特点，但却具有一定的共性。例如，傈僳、景颇、佤等族。另一方面，由于生态环境不同，处于相同或相似社会发展状况的不同民族，在适应和改造各自的自然环境过程中，却创造出不同特点的文化，例如藏族和傣族。当然生态环境与民族文化之间的关系，还受其他历史因素和民族关系等的影响，以及人们的主观能动性和客观历

---

① 宋蜀华：《论中国的民族文化、生态环境与可持续发展的关系》，载《贵州民族研究》2002 年第 4 期。

史条件的作用，因而二者之间的关系是相对的。①

由于生态环境和民族文化类型之间的关系十分密切，人适应和改造环境所创造的文化包括物质文化和精神文化均与其所处自然环境有关，所以保护生态环境维护生态环境安全，人们的生产、生活以及文化创造才能顺利进行。否则，生态环境被破坏了，人们的生产、生活及文化创造就会受影响，甚至带来巨大的灾祸。可见，生态环境与民族文化类型之间的关系本质上就是生态环境安全与民族文化类型的关系，处理好两者的关系意义重大。

二　维护生态环境安全是保护民族传统文化的重要举措

生态环境其实反映了一个民族的生存空间特点。一个民族的部分人口，由于某种历史原因可以发生迁徙流动，但整个民族人口远离故土而迁徙，这在历史上是很少见的。所以，民族作为一个整体，和它居住的地区是密切联系着的。共同的地域是构成民族的要素之一，只有居住于同一地区的人们才有可能形成民族，因为只有居住于同一地域的人们，才能共同生产、生活和繁衍，才能产生共同的语言、共同的经济生活和共同的心理素质。因此，生态环境对民族的发展繁荣和对民族文化有着长期的作用和影响。只有在生态环境安全的情况下，民族传统文化才有可能得到真正的保护。

其实，在遥远的古代，维护生态安全并不是保护民族传统文化的重要举措，只能说是举措之一。因为，那时候社会生产力水平很低，自然环境对人类社会的影响相当大，人类首先是适应，而人类改造自然环境的力量是十分薄弱的，当时人口又很少，所以那时人类对自然界的压力其实是很小的，对生态环境的破坏就更说不上。所以，还说不上因生态环境破坏而提出生态环境安全，也就没必要以此作为保护民族传统文化的重要举措。

---

① 宋蜀华：《论中国的民族文化、生态环境与可持续发展的关系》，载《贵州民族研究》2002 年第 4 期。

随着人类社会生产力的提高，人类影响和改造自然界的作用增强，破坏生态平衡的现象也越来越多了。尤其是 20 世纪 80 年代以后，生态安全已经成为人类社会所面对的新问题。在 1992 年 6 月，联合国在巴西召开了环境与发展大会，参加会议的 180 多个国家与地区的首脑史无前例地共同接受了一个思想，即可持续发展理论。以此为指导方针，世界各国和地区的领袖们制定并通过了《21 世纪议程》和《里约宣言》等重要文件。于是，一个有关全人类生存的生态安全问题逐渐成为人们关心的议题。在新世纪，生态安全更加凸显在世人面前。当人们赖以生存、发展的自然生态系统自我演变时，其能够维系人类社会经济可持续发展，即包括水、土、大气、森林、草地、海洋、生物等系统整体处于良性循环之中，环球或局部的生态就是安全的；反之就是不安全的。①

回顾 20 世纪中期以后，我国自然环境的形势日益严峻，民族地区更是如此。此时生态安全对于民族地区来说才的确是到了攸关其经济、社会及文化发展的高度。所以，在生态环境日益恶化的今天，维护生态安全成了保护民族传统文化的重要举措，否则将对少数民族传统文化的保护极为不利。例如，农业是我国绝大多数民族的主要生计方式，农业生产必须注意因地制宜，因时制宜，不能"一刀切"。如果不从实际出发，乱作耕作制度，不合理地强调施肥排灌，破坏作物的合理布局，无视当地群众长期以来摸索出的行之有效的生产经验，就会违背当地自然生态规律，还会违背当地人民千百年来形成的和生产相适应的文化传统。在云南、贵州等一些少数民族地区，曾经因为"一刀切"地推广双季稻，以图增收，而不从当地的气候、水、土等实际条件出发，结果影响了生态平衡，既达不到增产的目的，还打乱了当地的生活习惯和文化习惯。又如，内蒙古呼伦贝尔盟的兴安岭林区，占全盟土地面积的 40%，占全国森林面积的 10%，林木积蓄占全国总量的 9.5%。这片大森林是我国东北部生态系统的主要环节。世代居住在大兴安岭的鄂伦春族，衣食之源都取自于这片茫茫林

---

① 王天津：《西部环境资源产业》，东北财经大学出版社 2002 年版，第 7 页。

海，住的是桦树杆和树皮搭成的"仙人柱"，过着狩猎和饲养驯鹿的生活，创造出了独具特色的民族文化。而如今，对这片林区的采伐量超过生长量甚至达到了80%，大片采伐过的林场没有进行次生材的培育，计划外的采伐和偷伐偷运，更是难以估计，导致鄂伦春人的生产和生活方式也不得不发生变化。①

因此，为了保护民族传统文化，使少数民族都有自己的文化特点和文化精神，使其能作为一个独立的民族而存在，就必须维护生态环境安全，维护生态环境安全已成为保护民族传统文化的重要举措。

三　甘南藏族自治州生态环境安全与民族传统文化

甘南藏族自治州是一个多民族杂居区，除藏族外，还有汉、回、满等13个民族。各民族在其悠久灿烂的文化中都有重视环境保护的优良传统，应积极挖掘，并加以科学引导。

当地群众与自然界长期和谐相处的生产实践过程中，形成了与自然和谐相处的生态观念，其中包含了许多生态保护的思想。具体包括以下几个方面：

（一）人与自然界平等共存的观念

在甘南藏族自治州，自然环境丰富多彩，自然景观千变万化。由于生产、生活方式对自然环境的高度依赖，各民族的审美观都以与环境相协调为核心。如当地群众利用山坡所建的房屋，正是其审美意识的体现。古代藏族人认为天界、地界、人界（或天、地、地下）为宇宙构成层次。

（二）人对自然界的利用关系

甘南藏族自治州自然环境比较严酷，由于人民的科技知识贫乏，难以理解瞬息万变的自然环境，对自然环境非常敬畏，尊重自然的生态观在人们生活中居于主要地位。这种对自然环境和自然现象的尊重，有利于建立

① 宋蜀华：《论中国的民族文化、生态环境与可持续发展的关系》，载《贵州民族研究》2002年第4期。

对生态资源利用不超过再生产能力的生态理念。从对自然界的利用关系来看，藏族传统文化通过将自然神圣化，来协调人与自然、自然环境与人文环境的关系。因此，藏族传统文化中有"神山"、"神林"、"神水"之说，并严禁在这些地区砍伐和污染。

（三）人类活动对自然生产力的适应性

甘南藏族自治州的传统产业是农牧业，由于自然环境的恶劣，自然生产力相对较低，因此，传统文化对自然环境的利用是很谨慎的。在甘南的大部分地区，农牧业结合是基本的生产方式。这种生产方式在海拔较低的地方小面积种植粮食，在零星的耕地间有大片的草地，和林间草地及高山草甸一样，是人们放牧牛羊的地方。因此，人们对土地资源的垂直利用非常科学。在海拔2500—3000米的高寒地带，如果是风调雨顺的正常年景，青稞的收成除了能满足一家一户的需要外，还可以拿出约1/4用于交换不足的畜产品。[①]

如能将当地各民族在环保方面的这些进步思想进行科学引导，必将对强化生态保护意识，有效进行环境保护起到启发、示范和教育作用，同时还可以保护当地民族的传统文化，将其引向现代化之路。

四　藏族风俗习惯与民族地区生态环境安全

风俗习惯产生于自然景观，青藏高原地貌的显著特点是高山、草地、深谷且内部纵伸着许多山峦，构成了高原地貌的骨架，气候具有典型的高原干旱、寒冷气候特征，平均气温低下，具有冬长夏短、春秋相连的气候特征。因此，高原生态环境极为脆弱，生物资源极为珍贵，森林覆盖率低，草地生长期短，生物产量低，环境一旦被破坏，便难以恢复。所以，作为青藏高原的主人——藏族，将自己居住的这块土地早已神圣化，他们认定高原是一块神圣的重地，将它命名为"神圣雪域"。这里的"圣地"或"宝地"，不是一般的地理概念，而是一种风俗习惯上的概念，它取决

---

①　王洛林、朱玲：《后发地区的治理路径选择》，经济管理出版社2002年版，第128页。

于一个民族在一个时代的价值观和他们的生活目标与理想。在青藏高原上，不管是高山、湖泊，赋予神圣依据的是一个民族的文化价值观所在。在藏族风俗文化中，高山成为神山，湖泊成为神湖，地下成为龙神，蓝天由天神主宰。任何空间维上都注入了神圣化，其体现了保护环境、尊重自然的具体内容。因此，高原自然面貌与人文景观和谐地组合为一体，成为相互依存的完美整体，这不仅保护了当地的生态环境，更重要的是人与自然和谐相处。

（一）藏族风俗习惯中有关保护生态环境的内容

藏区大部分是牧区，藏民大部分为牧民，大都逐水草而居，以游牧为生。他们视牲畜、动物及自然生态为生命，加之佛教禁杀生的禁忌，所以藏族风俗习惯已不仅仅是一种外在的社会规范或公约，而成为一种心理上的坚定信念。这种风俗习惯中包含的各种禁忌和观念被一种不可抗拒的力量控制着，成为一种内化了的观念和行为，一种道德规范。就是说，人们认为只要触犯它，就会导致令人不能阻挡的灾难。因此，严守此类禁忌成为人们一种自觉的习惯行为。

1. 对神山的禁忌：禁忌在神山上挖掘；禁忌采集砍伐神山上的花草树木；禁忌在神山上打猎，禁忌伤害神山上的兽禽鱼虫；禁忌以污秽之物污染神山；禁忌在神山上打闹喧哗；禁忌将神山上的任何物种带回家去。

2. 对神湖的禁忌：禁忌将污秽之物扔到湖（泉、河）里；禁忌在湖（泉）边堆脏物和大小便；禁忌捕捞水中动物（鱼、青蛙等）。

3. 对土地的禁忌：对土地的禁忌，一般牧区与农业区是有区别的。在牧区，人们严守"不动土"的原则，严禁在草地上胡乱挖掘，以免使草原土地肤肌受伤。同时，禁忌夏季举家搬迁，另觅草场。在农业区，不动土是不可能的，但是出于对土地的珍惜，又有另外的禁忌。动土须先祈求土地神，随意挖掘土地是禁止的，而且要保持土地的纯洁性。

4. 对鸟类、兽类的禁忌：禁忌捕捉任何飞禽；禁忌惊吓任何飞禽；禁忌拆毁鸟窝，驱赶飞鸟；禁忌食用鸟类肉食（包括野外的和家养的）；禁忌食用禽蛋；禁忌打猎，尤其坚决禁止猎捕神兽（兔、虎、熊、野牦牛等）、鸟类及狗等，另外禁忌侵犯"神牛"与"神羊"（即专门放生为神牛羊者），神牛羊只能任其自然生死；禁忌陌生人进入牛羊群或牛羊圈；禁忌外人清点牛羊数；禁忌牲畜生病时，别家妇女来串门做客；禁忌食用一切爪类动物肉（包括狗、猫等，一些牧区也禁食猪肉）；禁忌食用圆蹄类动物肉（驴、马、骡等）；禁忌捕捞水中任何动物；禁忌食用鱼、蛙等水中动物；禁忌故意踩死打死虫类。

除此以外，藏区还有对火及灶的禁忌、对居室的禁忌、对树木的禁忌以及人事方面的禁忌，等等。

（二）藏族风俗习惯对生态环境安全的影响

1. 藏族风俗习惯中所体现的"天人合一"、"万物有灵"观念是人与自然和谐相处的思想基础。

在西藏寺院的壁画和传统画卷中，有一幅常见的图画，叫"四兄弟图"，佛语又称"和气四瑞"，即大象、猴子、山兔和羊角鸡。按照传统的说法，这四种动物相互尊重，互救互助，和睦相处。藏族民间流传的"六长寿图"与"四兄弟图"相类似，指的是岩长寿、水长寿、树长寿、人长寿、鸟长寿、兽长寿。岩、水、树、人、鸟、兽代表了自然界和环境要素的整体。"六长寿图"形象地告诉我们：人类与大自然以及自然界中的一切动物、植物和谐相处，才能健康长寿，融通万物。从藏族寺院的建筑风格中，我们也可窥见一斑：佛龛上雕龙刻凤，方形房柱自上而下分别分布着的是神兽珍禽，卷草浮云。藏族群众对大自然的热爱在他们生活的各个角落表现得淋漓尽致。藏传佛教的第一条，也是各种戒律中最重要的一条，是关于戒"杀生"的规定。按照藏族传统观念：人是有生命的，同样，自然界的一切生物都是有生命的；杀生是一种罪过，是万恶之首；杀人有罪，同样，杀死各种动物，肆意践踏一株植物，都是杀生，因而应当是有罪的；戒"杀生"之规定告诫人们：人类应给予一切生物以给予自己一样的关切，因为"万物有灵"。

2. 藏族风俗中的许多禁忌是为了与自然保持一致、协调，以尽量消除同自然运动规律相离异的行为。

这些禁忌在生产、生活各方面都有表现：植物与动物生长期间，禁忌保护其生长不受干扰。在牧区，牧人到夏季一般在高寒地区放牧，且只守自家牧地，禁忌向别处搬迁。这是因为夏季是牧草生长的季节，随意搬迁会践踏牧草生长。在农业区，夏季的禁忌主要是不让人践踏麦田。无论何处，禁忌挖掘动物洞穴，禁忌掏鸟窝，禁忌捕捉幼小动物。这种禁忌主要是为了不干扰动植物的正常生长。大多数藏传佛教寺院每年7月间禁止僧人出外踏青，甚至民间百姓家举行正常宗教活动时，也不让僧人出寺院，其理由只有一条：害怕踩死路上的小虫。这种禁忌不仅仅是对僧人的约束，也主要是对民间百姓的一种感化，保护自然界每一种生命体，无论其大小。同时，要保持自然顺序，不要打乱或随意更改。作为牧人，放牧活动应严格遵循季节的更替而转移牧地，夏季上高山，冬季居低洼。牛、马、羊各有其放牧地。如不分地界、不循季节胡乱放牧，便犯了禁忌。农人亦按季节安排农活。同时众人行动要统一，故有了按僧人活佛指令搬迁牧场，或春耕秋收的规范，不按统一规范便犯了禁忌。

3. 藏族风俗习惯体现了保持自然的圆满、完整思想。

在藏区是严禁挖掘神山的，因为一挖即"破"了山的皮肤，神地成为"死地"，山神自然要震怒，所以牧业区的牧人们尽量使草山不受破坏。在草原上，一处草地被人为挖掘，人们总觉得不顺眼。草原出现孔疮，如同人生皮肤病，是不好的现象，因此，尽量不去毁坏草皮。保持自然的圆满，也须让自然处于纯洁、神圣状态，而不能使其污染。比如严禁向湖水、泉水里便溺，是为了保持水的纯净；严禁夏季在田间焚烧骨头、衣服等发出臭味的物件，是要保持田地五谷的圣洁；严禁灶火中烧骨发出臭味，是要保持火的圣洁。人们以这样的禁忌来保护自然的完整纯洁，保持田间植物的本来香味，期望土地、植物、空气都会处于神圣洁净状态。另有声音不能惊动自然的禁忌，要求与自然保持和谐。人到空山深谷、旷野荒地，不应大声喊叫，更不能大声呼唤任何人的名字，因为人到山谷走动，已属异常，此时必须安静，大声怪叫会惊动山神，等等。

4. 藏族风俗习惯充分体现了"物物相关"、"负载定额"等生态规律。

藏族谚语有："山林常青獐鹿多，江河长流鱼儿多"、"破坏草原地鼠繁殖快，扰害村庄的恶人搞头多"，即指生态系统的各种环境要素相互联系、相互制约、相互依存。破坏某一环境要素，必将影响到整个生态系统的协调和发展。各种环境要素的共生共存、相互促进才使得整个自然生态系统保持生生不息的蓬勃景象。藏民族有"禁春"的习俗，即每值春暖花开之时，藏族群众和僧侣众人足不出户、"闭关静修"。在他们看来，春天是生长的季节，嫩草吐绿，幼虫蠕动，是它们生命最柔弱的时候，应该得到很好的保护，以利于它们繁衍生息。因此，在这个时候禁止"踏青"，对动植物的生长能起到很好的保护作用。"禁春"的习俗深刻地反映了这样一条生态规律：外部物质或行为对生态系统的冲击短于该生态系统的恢复周期时，该生态系统因不能自行恢复而被破坏。时值春天，万物萌动，如不加禁止，人们肆意地破坏环境，必将对尚未恢复或功能尚未完备的生态环境造成毁灭性的破坏。这是"负载定额"律的当然内容。因此，有必要作出"禁止春天砍树、除草，夏时捉鱼鳖"的规定。类似的藏族谚语还有关于禁伐神树的禁制、干旱时忌人上山挖药材的禁制，等等，这些谚语逐渐演化成被藏族群众普遍遵守的习惯法规范，在藏区环境保护中起到了重要的作用。

第五节　民族地区生态环境安全与少数民族权利保障

一　生态环境安全是少数民族人权的重要内容

所谓人权是指人的个体或者群体，基于人的本性，并在一定的历史条件下基于一定的经济结构和文化发展，为了自身的自由生存、自由活动、自由发展以能够真正掌握自己的命运，而必须平等具有的权利。人权的主体包括个体和群体。群体人权就是作为国家、民族等人们共同集体享有的权利。个人人权是群体人权的基础；群体人权是个人人权的保障。人权的客体是人为了生存和发展所必需的利益。所以，生存权和发展权是最重要的基本人权。现代人权的重要内容，在于关注少数民族的生存和发展。生存权是首要人权，既然人权的主体包括个体和群体，那么生存权讲的生存当然就不仅是个体生命的生存，更是以国家、民族为单位的群体生存。生态环境安全权关系着最基本的生存利益，是一个民族生存的基础。

在人类社会发展之初，由于对自然认识水平低下，环境资源被看作是一种取之不尽、用之不竭的任何人都可无偿使用的自由财产，反映在传统的民法理论中，则认为大多数环境资源是无主物。按传统民法理论，对无主物则实行先占原则，先占者可无偿使用该无主物，因此，采伐原始森林中的林木、狩猎，向土地、水域和大气排污等危害环境的行为，成了一种"自然权利"。随着环境污染的日益加剧，"生态危机"成为威胁人类生存和制约经济发展的直接因素，人类才开始对环境有了比较清醒的认识：环境资源是有限的，环境与人类的命运息息相关，人类应该尊重自然，与自然和谐相处，只有保护生态环境，使生态环境安全，才能使人类生活在舒适的环境中。

如今，少数民族地区正处于大规模开发的初级阶段，尤其需要处理好特定人口与资源和环境的互动关系。少数民族地区的生态环境安全权与生存权有着特别密切的关系，这里虽然拥有极其丰富甚至得天独厚的自然资源，如广阔的土地资源、珍稀动植物物种资源、种类繁多的矿产资源、丰富的水利资源和独特的旅游资源，这些资源为民族地区经济发展提供了良好的物质基础。当然，这里也有与高原、雪山、河谷、沙漠、戈壁相关的恶劣气候，由于区位环境、资源开发利用和经济发展水平比较低，一旦发生巨大的自然灾害，会更加严重地威胁少数民族人民的安全和生计。[①] 所以，生态环境安全权的剥夺和丧失必然意味着当地的少数民族不能继续生

---

① 才惠莲：《西部大开发与环境权探析》，载《中南民族大学学报（人文社会科学版）》2005 年第 6 期。

存或健康发展。正因为生态环境安全权对群体与个人都具有如此重大的价值，《人类环境宣言》明确宣示："人类有在过尊严和幸福生活的环境中享受自由、平等和适当生活条件的基本权利并且负有保护这一代和将来的世世代代的环境的庄严责任。"1989 年 12 月颁布的《中华人民共和国环境保护法》第六条也规定，一切单位和个人都有保护环境的义务，并有权对污染和破坏环境的单位和个人进行检举和控告。[①] 当然，除了法律的规定，我国政府还应不断改善少数民族群众的生存环境，避免因生存的贫困导致严重的环境破坏。可以说，生态环境安全权是少数民族生存权的重要内容。

　　人权中的发展权是从基于满足人类物质和非物质需要之上的发展政策中获益并且参与发展过程的个人权利，又是发展中国家成功建立的一种国际经济新秩序，亦即清除妨碍它们发展的现代国际经济关系中固有的结构障碍的集体权利。概括地说，发展权是指各国尤其是发展中国家在经济、社会、文化、教育、卫生和社会福利等各方面的全面发展的权利，是生存权的必然要求。因此，发展权同样也是最基本的人权，是基本人权菜单的一个有机的组成部分。[②] 1986 年 12 月 4 日，第 41 届联大通过了《发展权利宣言》。宣言在第 1 条宣布："发展权是一项不可剥夺的人权。"宣言指出，各国政府对创造有利于实现发展权的国家和国际条件负有主要责任，他们应采取一切必要措施来实现发展权利并确保在获取基本资源、教育、粮食、就业、住房、收入等方面机会均等。[③] 从宣言可以看出，一个民族的生态环境安全权是其发展权的重要保证。由于历史、社会、政治、经济等一系列的原因，我国少数民族地区的发展水平一直比较低，与东中部地区相比有着巨大的差距，因此少数民族地区的发展显得极为迫切。然而，

---

　　① 张小罗、周训芳：《森林生态效益补偿机制与公民环境权保护》，载《林业经济问题》2003 年第 5 期。
　　② 同上。
　　③ 才惠莲：《西部大开发与环境权探析》，载《中南民族大学学报（人文社会科学版）》2005 年第 6 期。

在对少数民族地区进行开发的过程中，为了实现经济加速发展的渴求，往往迫使西部地区大力地开发其自然资源。但是由于技术落后和资金短缺，自然资源的利用效益极低，毁林开荒、开垦草原、过度放牧、乱砍滥伐，已使得森林面积锐减、草原退化、绿色植被破坏，导致水土流失、水源枯竭、环境污染、气候失调的不良后果，严重影响了少数民族地区发展的进程。所以以牺牲环境为代价而谋求经济发展的路子是错误的，少数民族地区的发展不能走"先污染、后治理"这条老路，只有保护好当地的生态环境，使生态环境安全，少数民族地区才可能实现真正的发展即可持续发展。所以说，生态环境安全权也是少数民族发展权的重要内容。

二　少数民族生态环境利用权

生态环境利用权，是指对自然资源、环境进行开发利用的权利。我国少数民族地区自然资源、环境为当地经济社会发展提供了一定的基础条件，但是由于少数民族地区的经济发展能力、技术力量和资金相对较弱，当地经济社会发展缓慢，为了保障少数民族地区经济与环境的协调发展，应该赋予少数民族地区更大的开发利用本地区自然资源、环境的权利：

（一）应该赋予少数民族地区有根据本地区和民族特点确定自然资源权属的权利

《民族区域自治法》第 27 条第 2 款规定："民族自治地方的自治机关根据法律规定，确定本地方内草场和森林的所有权和使用权。"

1. 民族区域自治法规定民族自治地方享有对本地区草场和森林所有权的决定权，这里我们应该将森林与林地区分开。基于宪法上的限制，民族自治地方不能够将本地方国有的草场、林地确定为非国有或集体所有，也无权将集体所有的草场、林地确定为国家所有。从这个意义上说，国家赋予的民族地方有确定草场、林地所有权方面的自治权与其他法律的规定一致，并未赋予民族自治地方更多的权利。而对于森林而言，为了扩大森林面积，提高森林覆盖率，改善生态环境，真正体现谁种谁有原则，少数民族自治地方可以充分利用国家赋予的森林所有权方面的自治权，扩大森林法中森林和林木的所有权类型，在国家已经明确林木个人所有权的基础上通过地方立法确定森林的个人所有权，同时还应该进一步完善森林和林木的企业所有权制度，为民族自治地方吸引各种资金改善生态环境奠定物权基础。①

2. 我国的《民族区域自治法》只规定民族自治地方的自治机关有权确定本地方草场、森林使用权，未包含矿藏、水等重要的自然资源，而我国的矿产资源法、水法规定矿产资源和水资源属于国家所有。所以，以对矿产资源和水资源利用为主的采矿权、取水权等原则上应由国家确定使用权主体。但是，国家可以授权民族自治地方政府行使，这样就赋予当地民族自治机关更多地参与构造本地区自然资源利用权的权利，真正地使当地的少数民族群众得到了利益。

3. 关于对森林的使用权方面，应当规定民族自治地方的自治机关有权确定森林使用权，森林使用权人可以是森林所有人，也可以是非森林所有人，从这个意义上看，在森林资源上设置相对独立的使用权有现实意义。但仅有用益物权性质的使用权是不够的，如果为了森林资源的充分保护和利用，民族自治地方还可以利用国家赋予的自治权，确定森林用益权制度，以保障利用人在不破坏森林资源的前提下有利用他人所有的森林并获取收益的权利。②

（二）少数民族地区对当地的自然资源有优先开发利用的权利

《民族区域自治法》第 28 条第 3 款规定："民族自治地方的自治机关根据法律规定和国家的统一规划，对可以由本地方开发的自然资源，优先合理开发利用。"在符合法律的规定和国家统一规划要求的前提下，少数民族自治地方可以根据授权，确定本地区优先开发利用的自然资源的范围，促使当地的开发利用人积极参与自然资源的开发利用，同时保证自然资源开发利用人与当地少数民族利益相结合，最终促进当地少数民族经济

---

① 丁文英：《论民族自治地方自然资源开发与保护自治权》，载《内蒙古大学学报（人文社会科学版）》2004 年第 5 期。

② 同上。

的发展。当然，少数民族自治地方在行使该项权利时，应注意审查自然资源开发方的开发利用技术是否达到了一般要求，不能对自然环境造成破坏，也不能以此来限制公平、正当的竞争。这样，自然资源开发利用人和少数民族地区的利益都得到了很好的保障。

（三）生态环境利用权应当包括对环境本身进行利用的权利

我国少数民族地区大多是脆弱生态环境耦合下的贫困地区，如何在发展经济的同时，保护当地生态环境，是实现可持续发展的关键所在。由于我国少数民族地区同时具有丰富而独特的自然生态景观和人文生态景观，这便构成了在当地发展生态旅游的资源基础。所以，在对环境进行利用方面，国家应赋予少数民族地区充分的开发利用当地生态旅游资源的权利，以实现当地经济的可持续发展。不过，在开发过程中要注意珍惜资源和环境，要做好环境质量监测，突出对环境的管理；还应妥善解决如何让当地少数民族群众更好地参与生态旅游开发活动及协调对旅游利益的分配等问题。

三 少数民族生态环境保护权

必须明确的是，生态环境保护权与公民的劳动权、教育权一样，具有特殊性，其既是一项权利，也是一项义务。因此，《民族区域自治法》对于少数民族生态资源环境保护权同时规定了权利和义务两方面的内容。

（一）《民族区域自治法》第28条第1款规定："民族自治地方的自治机关依照法律规定，管理和保护本地方的自然资源。"本条从总的方面规定了民族自治地方管理、保护本地区自然资源方面的权利和义务

民族自治地方大都有丰富的自然资源，这是民族自治地方和全国进行社会主义现代化建设的物质基础，所以对当地自然资源进行保护显得极为重要。《民族区域自治法》还重点强调了民族自治地方的自治机关对草原和森林资源进行保护的权利和义务："民族自治地方的自治机关保护、建设草原和森林，组织和鼓励植树种草。禁止任何组织或者个人利用任何手段破坏草原和森林。严禁在草原和森林上毁草、毁林、开垦耕地。"森林

和草原是少数民族地区极其重要的自然资源，将其保护好了，才能实现当地的可持续发展，有利于当地少数民族群众的利益。而森林被喻为地球之肺，草地被喻为地球之肾，少数民族地区的生态安全关系着全国的生态安全，对草原和森林的保护有助于从根本上改善和优化当地的生态环境直至全国的生态环境。

（二）《民族区域自治法》第45条规定了民族自治地方自治机关保护和改善生态环境的权利和义务："民族自治地方的自治机关保护和改善生活环境和生态环境，防治污染和其他公害，实现人口、资源和环境的协调发展。"

民族自治地方的大多数地区都面临着严重的生态环境问题，甚至有些问题已经严重地影响到了全国性生态环境进程中的大局。例如，近年来，民族自治地方人口总体增加水平较高。据2000年第五次全国人口普查，少数民族人口占全国总人口的8.41%，比第四次全国人口普查上升了0.37个百分点。因此，在民族地区的少数民族中进行计划生育也纳入了《民族区域自治法》的规定之中，其目的就是为了促进民族地区人口、资源和环境的协调发展。国家环保总局、教育部1999年对全国公众的环保意识进行过一次大规模的调查，其结果显示，公众对生态环境的重视程度低、环保知识水平低、环境道德意识弱、知情率低，大多数人对生态恶化趋势持盲目乐观态度，这些问题在民族自治地方更为严重。所以，应当首先从当地领导干部的环境意识教育抓起，使他们在资源开发和环境保护方面所作出的决策更为安全、科学和有效。[①]

（三）《民族区域自治法》第66条第2款是对民族自治地方生态环境保护权的保障："民族自治地方为国家的生态平衡、环境保护作出贡献的，国家给予一定的利益补偿。"

虽然生态资源环境保护是少数民族自治地方的权利和义务，但是生态

---

① 宋才发：《民族自治地方资源开发与保护自治权再探讨》，载《广西民族研究》2006年第3期。

资源环境保护毕竟是一项重大投入，而且是一项长期的工程。少数民族地区本身经济发展水平较低，眼前利益、短期发展似乎显得更重要，我们不能要求少数民族地区为了整个国家的生态利益将有限的资金大部分投入到生态环境保护中，而难以谋求当前的发展。这样的结果必将是短时间内少数民族地区会更加贫困，与东中部地区的贫富差距进一步加大，民族矛盾会更加尖锐。解决此问题最好的方法便是国家给予一定的利益补偿，这样能够解决少数民族地区发展民族经济与生态环境保护的矛盾，使其真正享有了生态环境保护的权利，更积极地履行生态环境保护的义务而没有后顾之忧。

当然，要使少数民族真正享有生态环境保护权，就必须使《民族区域自治法》的有关规定得到具体执行。这不仅需要民族自治地方加强执法力度，加大宣传，也需要当地少数民族的切身参与和积极配合。

四　少数民族的代际公平

（一）代际公平

地球资源的有限性和不可再生性，决定了人类不可能无限制地攫取地球资源。当一代人或者几代人过多地利用或消耗了地球资源，那么必然会减少后代人的可利用资源，并且将加速地球的资源消耗，最终使人类面临再无资源可用的尴尬。

代际公平，又称世代间公平，是社会公平的一个组成部分。其基本含义是：人类社会是作为一个世代延续的状态而发展的，当今世代的成员与过去和将来世代的成员作为一个整体来共同拥有地球的自然和文化资源，共同享有适宜生存的环境；在特定的时期，当代人既是未来世代地球环境的管理人或受托人，同时也是以前世代遗留的资源和成果的受益人；这赋予了当代人保护地球的义务，同时也给予当代人合理享用地球资源与环境的权利。①

代际公平中有一个重要的"托管"的概念，认为人类每一代人都是后代人类的受托人，在后代人的委托之下，当代人有责任保护地球环境并将它完好地交给后代人。代际公平由三项基本原则组成：一是"保存选择原则"，就是说每一代人应该为后代人保存自然和文化资源的多样性，避免限制后代人的权利，使后代人有和前代人相似的可供选择的多样性；二是"保存质量原则"，就是说每一代人都应该保证地球的质量，在交给下一代时，不比自己从前一代人手里接过来时更差，也就是说，地球没有在这一代人手里受到破坏；三是"保存接触和使用原则"，即每代人应该对其成员提供平行接触和使用前代人的遗产的权利，并且为后代人保存这项接触和使用权。②

（二）代际公平与可持续发展

作为可持续发展原则的一个重要部分，代际公平理论关注的是当代人与后代人之间的资源与环境的公平分配问题，要求每一代人保持自然和文化资源的多样性并且传递给后代人，同时，每一代人也享有与前代人至少相同的权利。在代际传递的过程中，自然资源的质量应得到保持，文化资源中的消极成分被舍弃，优秀成分被传递到下一代并注入适应时代发展的先进文化资源。当社会发展过程中已经出现前代人对当代人的利益损害时，当代人不应该把损失扩大并传递给下一代，而是要把通过利用资源所获得的经济收益进行适当扣除后，补偿到后代人的损失中去。新一代党中央提出的"新农村建设"，以促进"乡风文明、村容整洁"为特征，体现了农村经济增长方式、农业经营模式和农民消费模式转变的要求，有利于降低农村自然资源和生态环境的代际冲突度。新农村建设是手段，农村代际公平是目标，对目标的追求反过来又促进了新农村建设，二者相互作

---

① 傅剑清：《论代际公平理论对环境法发展的影响》，载《信阳师范学院学报（哲学社会科学版）》2003 年第 2 期。

② 傅剑清：《论代际公平理论对环境法发展的影响》，载《信阳师范学院学报（哲学社会科学版）》2003 年第 2 期。

用、相互依存。代际公平状态实际上是要维持"帕累托改进"的代际关系，当代人在不损失自己收益的前提下，使后代人的福利增加。

代际公平是可持续发展多维组成中的一维，追求的不仅是同代之间公平，而且代际之间也要公平。科学发展观要求促进人与自然的和谐，实现经济发展和人口、资源、环境相协调，坚持走生产发展、生活富裕、生态良好的文明发展道路，保证一代接一代的永续发展。资源资产属于人类的共同资产，它不仅属于我们这一代，也属于我们的子孙后代。我们是下一代资源资产的代管者，当然我们也拥有部分资源资产利用的权利。但我们必须强调的是，资源资产的利用不能损害子孙后代的利益，如果资源资产的消耗超过了你应有的权限，你必须进行补偿，这样才不能吃我们子孙的"饭"。[①] 建设节约型社会是维系代际公平的必要条件，是人类得以恒久地在地球上存在并发展的前提条件。节约地球上的每一寸资源，既是每位公民对子孙后代不可推卸的道义责任，也是满足子孙后代需要的伦理责任。

（三）少数民族的代际公平

少数民族地区由于其特殊的地理条件导致生态环境比较脆弱，加之长期以来经济比较落后，人们的环境保护意识不强，为了眼前的生存和发展，无论是从地方政府还是到平民百姓，所有人的目光都聚焦在经济的发展和个人生活水平的提高上，这样竭泽而渔的发展方式就不可避免地导致生态资源环境的破坏。

我国少数民族多以聚居的形式生存，一旦生态环境遭到根本性的破坏，那将会使民族地区的居民流离失所，甚至导致个别民族的消失。因此，民族地区维护代际公平就显得格外重要。资源与环境的代际冲突意味着代际之间在分配、使用自然资源和环境容量时形成了对立关系，而非合作关系。民族地区，应在代与代之间建立一种责任链的传递和社会契约。少数民族地区向来是国家政策的倾斜地，这不仅是由于其经济文化比较落后，更重要的是国家出于对民族文化、民族传统的保护，从经济政治政策

---

① 姜文来：《自然资源资产折补研究》，载《中国人口·资源与环境》2004 年第 5 期。

上给予大力支持，以维系民族的多样性。

五　甘南藏族自治州生态环境安全与少数民族权利保障

甘南藏族自治州虽然资源丰富但同时是生态脆弱区。当地自然条件艰苦，灾害频繁，严重制约了农牧业生产。50%的耕地属于低产田，沙漠化呈现严重趋势，农业没有摆脱靠天吃饭的窘境，畜牧业仍处于传统养畜阶段。再加上历史及其他因素的影响，使得当地经济发展滞后、贫困人口分布量大，是国家进行救济扶贫的主要地区。2002 年国家确定扶贫工作重点县时，全州 7 县 1 市中有 5 个县市进入国家扶贫工作重点县，即临潭县、舟曲县、卓尼县、夏河县和合作市，省上还将迭部县视同国家扶贫工作重点县，并进行重点扶持。在全州列入重点扶持的重点乡有 99 个，重点村 524 个，分别占全州总乡数、总村数的 92.52% 和 78.92%，高于全省平均数 59.94% 和 49.29%。虽经上述国家政策的倾斜和 20 多年扶贫开发的努力，全州农牧民的生产生活条件得到明显改善，但由于多种不利因素的影响，甘南地区的贫困问题短期内还难以根本消除，贫困人口的数量还是很大。[①] 所以，生存和发展问题是该地区少数人民群众面临的首要问题。而当地日益恶化的生态环境严重影响到了当地少数民族群众的生存和发展。因此，应保障当地的生态环境安全，走可持续发展之路，当地少数民族群众的生存权和发展权才能真正得到实现。

为了更好地实现甘南少数民族生态环境利用权，除了赋予甘南藏族自治州有根据本地区民族特点确定自然资源权属的权利及对当地的自然资源优先开发利用的权利外，当地政府还应该鼓励广大干部群众转变原有的生产方式和管理方式，通过独立经营和合资经营等不同形式，重点扶持发展一批农牧畜产品加工龙头企业，变出售原材料、初级产品和半初级产品为成品和高新技术产品，实现技术创新、管理创新，变弱势为优势，以实现

---

① 敏生兰：《甘南藏族自治州致贫因素分析》，载《西北民族大学学报（哲学社会科学版）》2005 年第 1 期。

对生态环境资源的有效利用。在加大科技含量、实现技术跨越的前提下，生态环境资源会得到更有效的利用，生态环境利用权也就更容易实现。

上文已论述过生态环境保护权既是一种权利也是一种义务。要真正实现这个权能，需要当地政府履行好相关职责，即继续加大生态建设项目力度，在认真搞好天然林保护、退耕还林（草）、保护湿地、牧民新村建设和天然草原退牧等项目建设的同时，加大实施对"一江三河"河道整治、沙化草场综合治理、草原鼠虫害的治理。在生态环境治理中，对于在森林中、草原上进行的一些名贵药材的挖掘，珍稀动物的捕猎和矿藏资源开采等破坏生态的活动应该加强看护和管理。实现项目工程与生物工程、生态效益与经济效益、资源开发与生态保护相结合。[1]

由于甘南藏族自治州的落后贫困，当地少数民族群众发展经济的愿望是很强烈的。近年来，当地常常以生态环境为代价来实现经济的暂时高速发展。这是一种竭泽而渔的行为，将影响后代人的发展，不利于代际公平。从长远来看，当地的发展应以代际公平为前提，走可持续发展之路，这才是当地经济社会发展的正确选择。

第六节　民族地区生态环境安全与民族区域自治

一　维护民族地区生态环境安全是实行民族区域自治的基本要求

（一）民族区域自治制度

民族区域自治制度是中国政府根据中国的实际情况用特殊措施保护少数民族人权的一项基本政治制度。中国的民族区域自治，是中国共产党把马列主义民族理论与中国民族问题的实际相结合，解决中国国内民族问题的基本政策和基本民主政治制度，也是具有中国特色的解决中国民族问题的基本形式。我国实行民族区域自治 20 年来的实践证明，它是最大限度

---

① 张春花：《甘南生态环境建设的现状及对策》，载《甘肃高师学报》2007 年第 2 期。

地满足各少数民族平等自治、自主管理本民族、本地区的内部事务的政治制度，在加强我国各民族之间的团结，改善民族关系，巩固国防，促进少数民族地区的经济文化建设和社会发展方面，起到了重要的作用。

我国的民族区域自治有两个基本问题：一是自治机关的设立和建设；一是自治机关自治权的行使问题。在自治权方面《民族区域自治法》强调了民族自治地方的自然资源开发和保护自治权。《民族区域自治法》第27条规定："民族自治地方的自治机关根据法律规定，确定本地方内草场和森林的所有权和使用权。民族自治地方的自治机关保护、建设草原和森林，组织和鼓励植树种草。禁止任何组织或者个人利用任何手段破坏草原和森林。严禁在草原和森林毁草毁林开垦耕地。"第28条规定："民族自治地方的自治机关依照法律规定，管理和保护本地方的自然资源。民族自治地方的自治机关根据法律规定和国家的同意规划，对可以由本地方开发的自然资源，优先合理开发利用。"此外，《民族区域自治法》还规定了对民族自治地方生态平衡的维护和对自然环境的保护。第66条规定："上级国家机关应当把民族自治地方的重大生态平衡、环境保护的综合治理工程纳入国民经济和社会发展计划，统一部署。民族自治地方为国家的生态平衡、环境保护作出贡献的，国家给予一定的利益补偿。任何组织和个人在民族自治地方开发资源、进行建设的时候，要采取有效措施，保护和改善当地的生活环境和生态环境，防治污染和其他公害。"

（二）民族地区生态环境安全与民族区域自治

《民族区域自治法》之所以不断强调利用、保护民族地区的自然资源和维护民族地方的生态环境安全，就是因为民族地区生态环境安全对于民族区域自治有重大的意义，是实行民族区域自治的基本要求。

1. 确定草场和森林的所有权和使用权意义重大

我国宪法规定，草原、森林等自然资源属于国家所有，由法律规定属于集体所有的除外。由于森林和草场是少数民族地区公民的重要的生产资源和生活源泉，因而确定民族自治地方的所有权和使用权，对民族自治地方和少数民族的发展关系极大。它不仅关系到森林与草场的保护，关系到国家森林工业和畜牧业的发展，而且还关系到林区和牧区少数民族人民的生产和生活，关系到林业和畜牧业的经济发展水平和少数民族人民生活水平的提高。因此，《民族区域自治法》第 27 条对此作出明确规定，无论从哪方面都将具有重要的意义。

2. 管理和维护民族地方的自然资源对民族区域自治同样十分重要

自然资源是社会生产发展和布局的基础，是实现经济现代化的物质条件，它关系着民族的生存和社会的发展。我国少数民族地区有着极其丰富的自然资源，少数民族地区最有利的经济增长点也在于开发自然资源。因此，强调在少数民族地区合理开发利用自然资源，依法管理、保护自然资源就显得更为重要。这将直接推动当地的经济发展，提高少数民族群众的生活水平，进而促使民族团结，民族区域自治制度也更加稳定。

3. 只有在保护环境、生态平衡的前提下才能实现真正的民族区域自治

一个民族的生存环境对于其发展十分重要，作为一个民族生存的最基本、最重要的自然生态环境的变化会对该民族的前途产生重要影响，如果这种环境受到较大破坏，民族的发展就会受到严重制约。可以说，保护生态环境对少数民族的生存与发展有着重要的意义。而少数民族地区只有解决了最基本的生存和发展问题才有可能实现真正的当家做主。因此《民族区域自治法》第 66 条规定了上级国家机关对民族自治地方生态平衡和环境保护的职责，以促使民族地区生态环境的改善，真正落实民族区域自治制度。

二　民族地区生态环境安全是民族区域自治政权建立的必要物质基础

邓小平同志曾指出："实行民族区域自治，不把经济搞好，那个自治就是空的。少数民族是想在区域自治里面得到些好处，一系列的经济问题不解决，就会出乱子。"[①] 因此，民族区域自治政权的建立需要坚实的经

---

① 《邓小平文选》（第 1 卷），人民出版社 1994 年版，第 167 页。

济基础。只有少数民族地区的经济真正发展了，民族区域自治政权才可能稳固。然而，我国少数民族地区生态环境极为脆弱，严重阻碍了当地经济的发展，改善生态环境实现经济的可持续发展是少数民族地区建立民族区域自治政权首先必须研究和解决的重大课题。

（一）良好的生态环境是少数民族地区改善生存条件、实现脱贫致富根本的物质性要素

由于社会历史原因和受到区位与自然条件的限制，我国少数民族地区的贫困问题一直难以解决。尤其是在生态环境恶化的地区，贫困人口的发生率长期居高不下。这些贫困人口主要聚集在少数民族地区、边境地区和生态恶化地区。分布于高寒冷凉、环境恶劣、人口与土地资源矛盾突出的滇东北地区；高山峡谷相间、相对高差大、地势险峻、泥石流多发的滇西北地区；石漠化严重、干旱缺水的滇东南地区；开发利用滞后、耕作方式落后、民族跨境而居的边境一线地区。少数民族地区要想脱贫致富，必须从根本上遏制生态环境的恶化，改变竭泽而渔的落后生产方式，确保生态环境的修复和重建。

（二）良好的生态环境是少数民族地区经济和社会发展的最基本的生产力要素条件

生态环境本身是一种特殊的资产、特殊的生产力。少数民族地区区域辽阔，最大的资源财富莫过于土地。土地的丧失，意味着文明和未来的丧失。而由于这一地区土壤的大量流失，使土地和耕地锐减，这在很大程度上危及了少数民族地区的发展。少数民族地区最具优势的是水能、森林、草场和浩繁珍稀的生物种群，而这些资源也在弱化和衰减之中。少数民族地区生态环境恶化，已经构成该地区经济增长的重大制约因素，在一些地区甚至已成为主要的制约因素。这种情况如果得不到扭转，这一地区的经济社会发展不仅不会加快，从长远看还会不断下降，甚至可能最终造成地

区性毁灭的灾难。① 总之，只有维护了少数民族地区的生态安全才会有当地经济的可持续发展，而经济真正发展了，民族区域自治政权才能得以存续。

三　民族地区生态环境安全与民族区域自治制度的稳定性和长久性

（一）民族地区生态环境安全与民族区域自治制度的稳定性

民族政策的实施，实质上是一个解决民族问题的过程，而民族问题的处理和解决绝非一朝一夕能完成。民族问题具有普遍性、长期性、复杂性、国际性和重要性的特点。因此，民族政策的制定和执行都要经过一段相当长的时间和过程。保持民族政策的相对稳定性是民族政策良性循环的一个重要条件。我国解决民族问题的基本政策是民族区域自治制度。回顾民族区域自治的实施历程，我国的民族区域自治有一个从政策问题的确立、政策目标的确立、政策方案的确立、政策的实施，以及政策的修订的过程。② 在这个不断完善和发展的过程中，民族区域自治制度发挥了巨大的作用。我国少数民族地区取得的伟大成就是坚持长期稳定的民族政策的结果。民族政策的稳定性特点与政治、经济和社会的稳定联系起来，有效地保障了少数民族的自治权利，促进了国家的方针政策在少数民族地区的贯彻，加快了少数民族地区经济的发展，有效地调节了国内的民族关系，巩固了民族的团结，促进了各民族的共同繁荣。因此，保持民族区域自治制度的相对稳定性是极为重要的。

我国少数民族地区的生态环境遭到了严重破坏，人与自然处于极不和谐的状态，为民族地区社会的可持续发展造成极大障碍。在整个社会的发展中，民族地区的地理位置又不占优势，再加上当地的生态环境破坏严重，导致投资环境恶劣，严重制约了民族地区社会的可持续发展，进而产生了一系列的民族问题（上文已具体分析过），就难以体现出民族区域自

---

① 郭旭红：《我国西部地区生态环境建设问题的制约因素及对策》，载《青海民族研究》2007 年第 1 期。

② 周平：《民族政治学》，高等教育出版社 2003 年版，第 268 页。

治制度的优越性。既然体现不出优越性，少数民族群众就不会拥护，更不愿意保持其稳定性。而保持民族区域自治制度的稳定性是历史证明了的少数民族地区取得巨大成就的根本，如今这个根本动摇了，少数民族地区就难以发展了，这就造成了一个恶性循环。因此，要保护少数民族地区的生态环境，使少数民族地区生态安全，这样才能保证民族区域自治制度的稳定性，促进民族地区的全面发展。

（二）民族地区生态环境安全与民族区域自治制度的长久性

中国在今后的一个相当长的历史时期必须坚持实行民族区域自治。不仅因为民族区域自治制度正确反映了中国各民族的最大利益，是把中国建设成为强大的社会主义国家的需要，从根本上说还是由中国社会主义时期存在着的民族问题决定的。主要有如下的民族问题：1. 各民族在发展上还存在很大的差距。虽然从新中国成立以来少数民族地区取得了巨大的发展，但仍远远落后于汉族地区。2. 由于历史上民族压迫和阶级斗争的影响，使得民族间还存在着隔阂。3. 各民族在长期的历史发展过程中形成了各种不同的民族特点，这也形成了民族间的差异，这种差异的长期存在反映在民族关系上就表现为民族间的矛盾。4. 由于先进和落后的区别，所处地位的不同，会发生矛盾。民族意识和民族感情将长期存在，随着民族逐步走向发达和繁荣，民族意识、民族感情、民族自信心和自豪感等还会加强。民族问题还往往和宗教等问题交织在一起，显得更为复杂。可以说，社会主义时期民族问题的性质已发生了根本转变，属于人民内部的矛盾，主要是发展上的先进和落后的矛盾。人民内部的矛盾不能用斗争的方法来解决，而应从民族团结出发，用发展少数民族地区的社会生产力，缩小少数民族地区与汉族地区的差距的方法来解决民族矛盾。而民族区域自治制度便是实现少数民族发展的根本制度。它使党的各项民族政策得到贯彻实行；是人民民主专政在民族地区的具体形式，保障了少数民族群众的当家做主，调动了他们建设社会主义的积极性；通过大力发展少数民族地区的经济文化事业，推动了民族地区的发展。因此，民族区域自治制度的地位是不能改变的，在今后一个相当长的历史时期都是我国解决民族问题的基本制度。①

　　然而，由于忽视生态而导致的环境恶化对少数民族地区经济和群众生活造成了危害。不仅影响到地方可持续发展，造成生态移民，而且在生态环境被破坏，威胁着当地居民生存和发展的情况下，民族关系势必紧张，无法长期共存。民族之间为了本民族的利益争夺自然资源，一方面使自然资源遭到严重破坏，另一方面也使民族之间的冲突时有发生，影响到多民族间的和睦共存。这时候，为了少数民族地区的可持续发展，更需要长期贯彻落实民族区域自治制度。按照《民族区域自治法》的要求，确定好自然资源的权属，保护好生态环境，维护生态安全，才能解决因生态环境恶化而带来的复杂的民族问题，保持少数民族地区的稳定，实现少数民族地区的可持续发展。而民族问题的解决又将促进民族区域自治制度的进一步完善和发展，使民族区域自治制度更具有优越性，得到长期的坚持与贯彻。

---

　　① 易清：《我国实行民族区域自治的长期性》，载《湖南省社会主义学院学报》2003 年第 2 期。

第三章　甘南藏族自治州
生态环境安全现状

第一节　甘南藏族自治州概况

一　自然地理概况

甘南藏族自治州位于甘肃省南部，是中国 10 个藏族自治州之一，地处甘肃、青海、四川三省交界地带，属藏、汉两大文化板块的结合部。甘南藏族自治州东邻定西、陇南两市，北接临夏回族自治州，南通四川省阿坝藏族羌族自治州，西连青海省果洛、黄南两州。甘南在历史上是中原地区通往青藏及川北的交通要道，是丝绸之路河南道和唐蕃古道线路的重要组成部分。

甘南藏族自治州幅员辽阔，属青藏高原的东北边缘，地处青藏高原、黄土高原和陇南山地的过渡地带。境内多属青藏高原东北边缘的丘陵草原和高山峻岭，山峦重叠，沟壑纵横，地形地貌错综复杂。总体地势西北高，东南低，呈倾斜状。西南部的积石山系、西北部的西倾山系与南部的岷山—迭山山系，形成州境内地貌的主体构架。这些由西向东逶迤蜿蜒的高峻山峰与其间的高原阔地，构成了州境内西、北、南面平均海拔 3000 米以上的主要地貌区域。位于迭部桑巴乡与卓尼木耳乡之间的迭山主峰扎伊克，海拔 4920 米，为州内最高峰；舟曲县瓜子沟口海拔 1172 米，为州内最低点，处于整个倾斜地势的东部箕口。该地区属高寒湿润型气候，长冬无夏，年均气温为 1.7℃，没有绝对无霜期，年降水量 558 毫米左右。

甘南藏族自治州同时也是黄河重要水源补给区，以草地、森林、湿地生态系统为主的山地和高原为主要地貌类型，面积44000余平方公里，属高寒低温、阴湿多雨、雷暴等灾害性天气多的高原大陆性气候地区，是黄河及其主要支流洮河、大夏河的发源地和重要的水源涵养区。据统计资料显示，20世纪80年代，黄河在玛曲县境内流经433公里，径流量增加108.1亿立方米，占黄河源区总径流量184.13亿立方米的58.7%，占黄河流域总径流量的1/6，玛曲湿地被誉为"黄河蓄水池"；洮河在区内的年径流量为45亿立方米，大夏河的流径量为10亿立方米，分别占黄河年均径流量140亿立方米的32.1%和7.1%。同时，黄河主要支流洮河、大夏河等120多条支流，纵横全区，水域面积达47.55万亩，占甘南州土地总面积的0.8%，各干支流上不但蕴藏着丰富的水力资源，而且其生态变化对黄河中下游地区会产生跨区域的重大影响，那些影响事关中华民族的生态安全。随着全球气候变暖，特别是人类过度的开发加速造成了甘南生态环境的恶化。

二 社会发展概况

甘南藏族自治州建州于1953年10月1日，总面积4.4万平方公里，占甘肃省总面积的10%；东西长423公里，南北宽270公里。现辖合作市与夏河、碌曲、玛曲、临潭、卓尼、迭部、舟曲8县（市），111个乡（镇、街道办事处）。合作是甘南州政府所在地。

甘南藏族自治州现有总人口68万人，其中藏族人口34.46万人，占总人口的50.76%。甘南州以藏族为主，有汉、回、土、蒙、满等24个民族，人口在地域布局上呈"东密西疏、农密牧疏、镇密乡疏、谷密山疏"的特点，夏河、碌曲、玛曲三县人口相对稀少。全州人口平均密度为每平方公里13人，平均密度仅为全国的1/8和全省的1/3，人口密度最低的玛曲县每平方公里只有3人。各乡镇人口密度悬殊，人口密度最高的临潭县城关镇每平方公里535人，人口密度最低的玛曲县木西合乡每平方公里只有0.01人。2001年全州国内生产总值达15.17亿元，其中第一产业增加值6.16亿元，第二产业增加值3.04亿元，第三产业增加值5.95

亿元。完成财政收入 1.39 亿元；农牧民人均纯收入达到 1223 元。2005
年，全州经济总量仅占全省的 1.4%，人均国内生产总值占全省平均水平
的 54.5%。对照人民生活水平达到小康水平的 16 项指标，全州总体小康
目标实现程度仅为 52% 左右，比全省低 33 个百分点，按照甘南州实现全
面建设小康社会的第二步目标，2015 年前实现总体小康，落后全省近 10
年。2005 年，全州总人口 67.50 万人，在全省 14 个市州中处于第 12 位，
生产总值 26.10 亿元，在全省处于末位。人均生产总值 3868 元，处于第
11 位，是全省的 52.05%，农民人均纯收入 1514 元，处于全省第 12 位，
较全省平均水平低 384 元，较全国低 1741 元。大口径财政收入 2.35 亿
元，小口径财政收入 1.19 亿元，均处于全省末位。牧业、林业、水力、
矿产和旅游是甘南的资源优势。以藏族为主体民族的甘南藏族自治州，是
国家扶贫工作重点地区。[①]

　　畜牧业是甘南州的支柱产业，为甘肃省主要牧区之一，4000 多万亩
的天然草场，是青藏高原天然草场中自然载畜能力较高、耐放牧性最大的
草场，被誉为亚洲最好的天然草场之一。[②] 甘南州有青藏高原特有的牦
牛、全国五大名马之一的河曲马、藏系优良品种的欧拉羊和甘加羊。现各
类牲畜饲养量 300 多万头（只），年出栏 60 万头（只），畜产品产量肉类
达到 3 万多吨，羊毛 1000 多吨，牛皮 9 万张，羊皮 29 万张。通过草原基
础建设，科学养畜、加快了传统畜牧业向现代化畜牧业过渡的进程，畜业
科技开发初见成效，人工牛黄、生物歧化酶、血清白蛋白、犊牛血清、干
素钠、胎盘培养基等产品已打开市场。野生动物种类繁多，有大熊猫、白
唇鹿、藏原羚等属国家一类保护的珍稀动物 14 种、二类 16 种、三类 18
种。青稞、油料、蚕豆、小麦是甘南州的主要农作物。

---

① 甘肃省发展和改革委员会提供资料（2006 年 12 月提供）。
② 刘建华、陈彩虹：《甘南生态急需"输血"》，载《甘肃经济日报》2003 年 9 月 2 日（第
4 版）。

第二节　甘南藏族自治州生态环境现状

近 20 年来，随着全球气候变暖、人口增多、草原过牧超载致使甘南州极不稳定的生态环境急剧退化。目前，甘南州的各生态指标出现了大幅度的滑坡，详情请见表一。

表一　2005 年甘南州生态指标①

草地沙化率	森林覆盖率	水土流失面积	黄河玛曲段水源补给量比 20 世纪 90 年代减少	洮河流量比 20 世纪 90 年代下降	大夏河流量比 20 世纪 90 年代下降
21.8%	19.85%	1.18 万平方公里	15%	14.7%	31.6%

甘南州生态环境的恶化，不仅加剧了甘南州高原气候的干旱、风沙侵蚀和水土流失，更重要的是失去了草地、森林、湿地水源涵养的生态功能，成为近年来黄河中下游的洪涝灾害和河口断流的主要原因，长此下去，甘南州经济社会的进一步发展将会受到严重威胁。

一　草地"三化"现象严重

近年来，在自然和人类社会经济活动的双重压力下，甘南州草原出现了严重的"三化"，即草地的退化、沙化和盐碱化，新的沙漠源地正在形成。草原沙化从 20 世纪 80 年代以后逐年加剧，从零星沙化演化为半荒漠化再变为典型的流动沙丘，沙化面积不断扩大，沙化速度不断加快（见表二：甘南州 2002 年草地退化、沙化、盐碱化情况）。

---

① 甘南藏族自治州统计局提供数据（2007 年 5 月提供）。

表二 甘南州 2002 年草地退化、沙化、盐碱化情况①

县别	草场面积（万亩）	三化面积（万亩）					
		合计	占草场总面积（％）	退化		沙化	盐碱化
				重度	中度		
碌曲县	590	460	78	166	294		
玛曲县	1288	1148	89.1	508	568	72	
夏河县	753.75	680.04	90.2	188.68	483.07		8.29
卓尼县	498.5	387.3	77.7	153.7	233.6		
合作市	261	189	72.4	80	109		
河曲马场	59	59	100	31	20	8	
迭部县	227.3	196.7	86.5	45.72	151		
临潭县	123.2	115.1	93.4	27.1	88		
舟曲县	128.1	121.8	95.1	20.8	101		
合计	3939	3277.6	83.2	1220.9	2047.67	80	8.29

（一）草地的退化

甘南总面积 4.5 万平方公里，其中草原面积 4084 万亩，占全州土地面积的 70.28％，退化面积占草地总面积的 50％。目前，草场面积退化已达到 1200 多万亩，占甘南州草场总面积的 29.38％。特别严重的是地方牧草高度由 25 厘米下降到 15 厘米。草地中度以上退化面积占草场面积的50％，干旱缺水草场扩大到 300 万亩。② 同时，甘南草原鼠虫害较为严重，草原鼠虫害面积已达 800 万亩，对草场危害较大的鼠类有 50 多种，这也是造成甘南草地退化重要原因之一。

（二）草地的沙化

位于青藏高原东北边缘甘南藏族自治州是黄河上游重要水源补给区，

---

① 甘南藏族自治州统计局提供数据（2007 年 5 月提供）。
② 王守武：《甘南生态环境保护与经济发展》，载《甘肃民族研究》2002 年第 2 期。

黄河年均径流量的 11% 来自这一地区。甘南草原对黄河水具有不可替代的调节功能，严重的沙化不仅会影响当地农牧民的生产生活，还将影响甘南草原对黄河水的补给，进而影响到整个黄河流域的可持续发展。目前，这一地区的沙化速度还在加快，甘南草地沙化面积达 60 多万亩，而且以每年 1%—3% 的速度扩展，草地植物群中优良牧草所占比例由 1982 年的 86% 下降到现在的 50%，杂毒草由 20% 增加到 50%，产草量由 1000 公斤降到 400 公斤，牧草高度由 75 厘米降到 9 厘米，植被盖度由 95% 降到 60%。① 据最新的监测数据，甘南藏族自治州境内 433 公里黄河干流两岸已出现 220 公里长的流动沙丘带，这个沙丘带面积达 5.3 万公顷，并以每年约 4% 的速度扩展，影响面积已达到 20 万公顷以上。

（三）草地的盐碱化

据甘州政府提供的数据，由于当地草地盐碱化程度较高，当地草场的产草能力大幅下降，每亩草场平均产草量从 20 世纪 50 年代的 436 公斤下降到 2005 年的 310 公斤；草场的水源涵养功能也逐渐削弱，20 世纪 80 年代以来，这一地区补给黄河干流的水量减少了约 25%。

专家分析认为，甘南藏族自治州草地盐碱化是自然因素和人为因素共同作用的结果。一方面，气候变暖，蒸发量加大，造成地表旱化，如该州黄河流经的玛曲县，1998—2000 年间，年平均气温比 70 年代升高了 1.15℃，气候的变化是造成草地盐碱化的原因之一。另一方面，甘南州草场实际放牧数量已超过理论放牧数量的 90%。2000 年甘南州年末存栏大家畜和绵山羊分别比 1949 年增长了 2.6 倍和 1.1 倍，年末存栏牲畜量数量成倍增加。过度放牧与乱采滥伐加剧草场沙化，同时也加剧了草地的盐碱化。

二　水资源环境恶化，水土流失加剧

甘南州是甘肃省水资源最丰富的地区，但是近年来全州有数千眼泉水

---

① 王守武：《甘南生态环境保护与经济发展》，载《甘肃民族研究》2002 年第 2 期。

干涸,大部分的山谷小溪断流,数百个大小湖泊水位下降,地表径流量锐减。原有的 120 万亩沼泽湿地缩小到不足 30 万亩,绝大部分变成了戈壁滩和植被稀疏的半干滩、黑土滩。① 根据甘肃省黄委会提供的资料,20 世纪 70 年代的甘南州黄河干流年平均流量是 472.6 立方米每秒,80 年代的年平均流量是 530.3 立方米每秒,90 年代的年平均流量是 393.3 立方米每秒,比 80 年代年平均减少 25.9%,流量在持续下降,2000 年达到历史最低值,为 303.0 立方米每秒。玛曲县 20 世纪 70 年代解决人畜饮水打井只需 20 米即可见水,1998 年打井的出水深度为 42 米,丰水深度竟至 150米。沼泽大面积干枯,仅玛曲县乔科、万延塘、贡赛尔喀木道、大水等沼泽在 20 世纪 70 年代的总面积为 9.2 万平方百米,目前已不足 3.0 万平方百米,面积缩小了近 70%。② 全州降水量也随之减少,约以年均 10 毫米的速度递减,河流常水期、枯水期及平均流量减少 16 立方米每秒。据统计,甘南州 1990—1996 年平均降水量为 550 毫米,90 年代的平均降水量是 60 年代的平均降水量的 67.2%,致使湖泊水位明显下降,山溪断流,地表径流量减,原有的 120 万亩沼泽地缩小到不足 30 万亩。③ 目前,甘南州水土流失面积已经扩大到 15.6 万公顷,比 80 年代初增加了 44.5%,白龙江流量下降了 20.6%,而含沙量增加了 12 倍;洮河流量减少14.7%,而含沙量增加了 73.3%;大夏河流量减少了 31.6%,含沙量增加了 52.4%。④

甘南州水土流失日趋严重,主要河流含沙量急剧增加,泥石流、滑坡地质灾害频发,群众人身财产安全受到严重威胁。据甘南藏族自治州政府提供的数据,20 世纪 80 年代初,甘南州水土流失面积仅为 80 万公顷,现在已扩大到 118 万公顷,20 多年就增加了 44.5%。每年河流年输沙量

---

① 丹正嘉:《关于加强甘南草地生态建设的几点思考》,载《调查与研究》1999 年第 7 期。
② 霍峰:《关于黄河首曲(玛曲县)生态环境保护形势与对策》,载《甘肃环境研究与监测》2001 年第 4 期。
③ 甘南藏族自治州发展和改革委员会提供数据(2007 年 6 月提供)。
④ 丹正嘉:《关于加强甘南草地生态建设的几点思考》,载《调查与研究》1999 年第 7 期。

由记载的每年 34700 吨上升到 34860 吨，每年增加 160 吨。土壤年侵蚀量达到 69487 万吨。土壤侵蚀模数由 44 吨每平方公里提高到 60 吨每平方公里，年土壤侵蚀量达 69487 万吨，年土壤养分流失量有机质 1940.61 万吨、氨元素 116.19 万吨、磷元素 44.64 万吨、钾元素 1161.03 万吨，而且土壤侵蚀趋势目前仍在加剧。[①]

三 生物多样性减弱

历史上甘南地广人稀，动植物资源生存条件优越和独特，为国家动植物资源保护的重要地区之一。这里有国家一级保护的珍稀动物大熊猫、金丝猴、黑颈鹤等，同时又有许多名贵药材和山珍，如冬虫夏草、雪莲、生牡、蕨菜等。

新中国成立前，甘南草原上狐狸、熊、猫头鹰等野生动物数量很多，这些动物被藏族群众视为草原的朋友，严禁捕杀。随着生态环境的不断恶化，野生动植物种群急剧减少，有的已经灭绝或正面临灭绝，生态食物链完全打破。据调查，20 世纪六七十年代甘南州尚生存有各类珍稀脊椎动物达 230 多种，而目前全州仅存国家规定保护的野生动物 140 多种，其中国际公约明令要拯救的濒危野生动物 14 种，完全绝迹的植物品种有 11 种，野驴、黄羊、雪豹等 10 多种动物已完全绝迹。野生药用植物中许多珍贵药材如黄芪、贝母等也濒临灭绝。甘南草原是鼠类严重危害区，全州发生鼠害总面积 46.71 万公顷，总危害面积 35.12 万公顷，占草场总面积的 13%，受不同程度威胁的植物物种有 75 种。每公顷平均有中华鼢鼠 22 只，破坏生草面积 2372 平方米；达乌尔鼠兔 109 只，洞口 824 个，破坏生草面积 1000 平方米。据航片和卫片判读分析，高寒灌丛中的灌木近 20 年来至少减少了 50%。白龙江和洮河沿岸的原生灌木丛大量消失。由于人类活动范围的不断扩大，鼠类的天敌鹰、狐狸和熊等数量日益减少甚至

---

① 杨勇、杨维军：《甘南州生态环境现状及建设对策研究》，http://www.tibetology.ac.cn/index.php? lang = zh，2004 年 11 月 3 日。

消失。据统计，甘南草原每年受鼠虫害达 800 多万亩。长年被鼠类破坏的草场，牧草的再生能力丧失，造成草场大面积退化、沙化、秃斑等。玛曲县鼠虫危害面积已达 15 万公顷，占全县可利用草场面积的 18.1%。[①]

近年来，由于物种生存条件的恶化和近几年的滥捕、滥采致使野生动物种群大量消失，名贵植物、药材分布区域逐年缩小，生物多样性受到严重威胁。一些不法分子受经济利益驱使，致使野生动、植物资源的破坏很严重，集中采挖冬虫夏草等珍贵药材和任意捕杀稀有动物的活动猖獗，物种生存条件恶化。

四　森林资源破坏严重

甘南州是甘肃省的主要林区之一。据 1943 年史料记载，甘南藏区森林，除草地外，凡山岭溪谷，皆系苍茫林海，全州沿洮河、白龙江、大夏河等地，曾有"十八大森林区"之称。州境内的森林采伐自明清时期开始加剧，民国、中华人民共和国成立后一段时期持续的大量采伐最为厉害。从 1951 年大规模开采至 1999 年 9 月停止天然林采伐近 50 年来，甘南州累计采伐林地面积 7.3 万公顷，采伐蓄积 1627 万立方米，分别占林区总面积、总蓄积的 15.11% 和 19.92%，致使林线大量后移，林木质量下降，江河流量减少，含沙量逐年增大，水土流失加剧。[②]甘肃省白龙江林业管理局在甘南州境内林场总经营面积为 457159.8 公顷，其中，林业用地面积 315061.5 公顷，非林业用地 142098.3 公顷。其中，甘南州迭部林业局 8 个林场总经营面积 336480.66 公顷，其中，林业用地面积 222618.9 公顷，非林业用地 113861.7 公顷；甘南州舟曲林业局 4 个林场经营总面积 120679.2 公顷，其中，林业用地面积 92442.6。尽管从甘南州森林资源总量上来看当地的森林资源较为丰富，但是全州的森林资源也受

---

① 杨勇、杨维军：《甘南州生态环境现状及建设对策研究》，http://www.tibetology.ac.cn/index.php? lang = zh，2004 年 11 月 3 日。

② 康尔寿：《积极实施西部大开发战略决策，保护好洮河林区的现有森林资源》，载《甘南人大》2000 年第 2 期。

到了严重的破坏。例如，甘南州主要林区洮河林区，森林覆盖率由60年代的50%下降到90年代末的25.6%，林线普遍后移8—20公里，森林覆盖率比20世纪50年代下降了35%，年降水量以每10年6.13%的速度递减，森林涵养水源、保持水土的生态功能日益下降，各类自然灾害越来越频繁，生态的严重破坏和人口的增加，导致人地矛盾加剧。[①]

第三节　甘南藏族自治州生态环境恶化原因分析

一　自然地理因素

（一）地理位置及自然地貌

甘南地处青藏高原、黄土高原和陇南山地的过渡地带，它以高亢的地势、寒冷的气候而素有"小西藏"之称。境内多属青藏高原东北边缘的丘陵草原和高山峻岭，山峦重叠，沟壑纵横，地形地貌错综复杂。甘南总体地势西北高，东南低，呈倾斜状。甘南西南部的积石山系，西北部的西倾山系与南部的岷山—迭山山系，形成甘南境内地貌的主体构架。这些由西向东逶迤蜿蜒的高峻山峰与其间的高原阔地，构成了甘南境内西、北、南面平均海拔3000米以上的主要地貌区域。

甘南高原具有典型的高原寒冷气候特征，平均气温低，高原生态环境极为脆弱，生物资源极为珍贵，森林覆盖率较低，草地生长期短，生物产量低。并且甘南高原生态环境处于持续退化状态之中，地表分布主要是高寒荒漠植被和高山荒漠土，植被具有抗寒、抗风和耐盐性，一般性的植物都难以生长，而高寒荒漠土质地粗、土层薄、成土作用缓慢，发育较差，这些地理因素直接造成了甘南生态环境的易破坏而难恢复的局面。

甘南显著的地貌特征是极易发生水土流失。水土流失是指在水流作用下，土壤被侵蚀、搬运和沉淀的整个过程。在自然状态下，纯粹由自然因

---

① 黄维：《西北地区沙暴的危害及对策》，载《干旱区资源与环境》1998年第3期。

素引起的地表侵蚀过程非常缓慢，常与土壤形成过程处于相对平衡状态，因此坡地还能保持完整，这种侵蚀称为自然侵蚀，也称为地质侵蚀。土地资源是三大地质资源（矿产资源、水资源、土地资源）之一，是人类生产活动最基本的资源和劳动对象。甘南属于季风气候，降水量集中，雨季降水量常达年降水量，且多暴雨雪，地质地貌条件是造成水土流失的主要原因。在人类活动影响下，特别是人类严重地破坏了坡地植被后，由自然因素引起的地表土壤破坏和土地物质的移动，流失过程加速，即发生水土流失。在过去四五十年间，由于农业垦耕、毁林和草原过度放牧，已使甘南土地资源发生了中等到极强度的土壤退化，有相当面积有植被覆盖的地表面发生中等程度以上的土壤退化，这些退化的土地已经丧失了部分原有的生产力，其中有些土地发生了严重退化，受到极强度损害。另外，还有一些土壤轻度退化。土壤退化减少了可利用的土地面积，降低了土地的生产力，使人地矛盾日益突出和尖锐化。

目前甘南水土流失总的情况是：点上有治理，面上有扩大，治理赶不上破坏。水土流失直接造成土壤肥力下降，使大量肥沃的表层土壤丧失，水库淤积，河床抬高，洪水泛滥。在高山深谷，水土流失常引起泥石流灾害，危及工矿交通设施安全，恶化了当地的生态环境。

（二）气候

联合国环境计划署（UNEP）的报告指出，2003 年因气候变化所导致的种种自然灾害使全世界至少损失 600 亿美元，比 2002 年的 550 亿美元增加了 10%。UNEP 负责人说，气候变化已经不是一种预测，而是实在的危险，还在不断增长，给人类带来痛苦和经济困难。人类无序活动促使全球气候变化的加剧，全球气候变化又进一步影响了人和自然的和谐。全球气候变化对地区性的旱涝灾害、水资源、生物多样性、生态环境、农牧业、人体健康等都会造成显著影响。

气候暖干化趋势是导致甘南环境恶化、草原退化的根本性原因。据粗略估计，中纬度地区如果地面温度平均升高 2℃，在其他气象条件不变的情况下，可以增加地表实际蒸发量 25% 左右，从而大大加速干旱化进程。

土地干旱化减小了地气之间热通量，减小近地层的摩擦速度，增大近地层风速，减小大气中的水汽含量，使地表温度升高，降雨量减少。这些变化表明局地环境影响了局地气候变化，使气候进一步向干旱化的方向发展，气候干旱化将导致土壤进一步荒漠化。这是局地无序的人类活动引起局地气候变化与生态环境变化之间的恶性循环。2003 年，有学者在分析 1990 年以来我国西部主要牧区的气温、降水量、年蒸发量变化情况的基础上，对气候变化引起的草地生产力和家畜生产的变化作了分析，以甘肃省夏河县和舟曲县为代表，定量研究了气候对产草量的影响，研究结果显示，平均气温升高 10℃，每亩产草量平均减少 122.6 公斤。

由于气候原因，甘南地区日益恶化的生态环境，增加了自然灾害的发生频率和危害程度，严重地影响了该地区的可持续发展。20 世纪末北方地区持续干旱和接踵而至的沙尘暴天气，给工农业生产和人民生活带来了严重影响，这正是气候变化和生态环境恶化共同导致的结果。环境变化和气候变化都与人类活动有关，人类活动在一定程度上影响环境变化和气候变化。了解人类—环境—气候的相互影响，对于合理开发和保护环境资源十分重要。

二　社会因素

（一）人口问题

人口增长必然会加重区域环境容量的负荷，从而影响生态环境的持续发展。人口与环境之间的关系可用公式 I＝PAT 表示，这是 1992 年年初联合国召开的人口、环境与发展专家组会议上提出的，式中 I 表示环境，P 表示人口，A 表示人均消费量，T 为技术应用于一个单位的消费量对环境造成的影响值。事实上，影响环境的因素除上述 P、A、T 等"硬参数"外，还与体制、政府、政策法令、发展目标、国民素质等"软参数"有关。但无论如何，上述公式充分说明了人口与环境之间的密切关系。

历史上甘南州人口增长缓慢，数量基数不大。至民国初，今州境内仅有临潭、西固（今舟曲）两县建置。1926 年成立拉卜楞设置局，1928 年改为夏河县。1928 年，甘南州总人口 112931 人，其中，临潭、舟曲两县的人口比清宣统元年（公元 1909 年）增加 10968 人，增加了 14.65%。19 年平均递增率为 7.71%。1937 年，甘南州人口为 168887 人。[①] 其中，临潭、西固、夏河 3 县为 135036 人，比 1928 年增加了 22105 人，增加 19.57%，9 年平均递增率为 21.74%。比前 19 年的平均递增率提高了 14.03‰。1947 年，甘南州人口为 209607 人，比 1937 年增加 40720 人，增长 24.11%。[②]

　　新中国成立以来，甘南州人口快速增长。1949 年，甘南州人口总量为 296860 人，到 1990 年年末，全州人口达 582360 人，41 年内净增人口 285500 人，增长 96.17%，年均增加 6963 人，年平均递增 23.46‰。[③] 由于历史原因和自然环境以及经济发展条件的影响，甘南州人口分布的密度很不平衡，东密西疏。人口密度最高的临潭县，平均每平方公里 91 人；人口密度最低的是玛曲县，平均每平方公里 1 人。[④] 甘南州人口增长情况请见表三。

表三　甘南州第五次普查人口增长情况[⑤]

年份	1949	1953	1964	1982	1990	2000
人口总数（人）	296860	313424	327948	521639	582360	640106
增长率（%）		12.19	35.27	40.62	21.67	10.22

　　甘南州自然生态环境恶化与人口过快增长密切相关。例如，该州森林覆盖率从有人类生存时起就呈螺旋状下降趋势，下降幅度与人口的增长幅度呈正比。在该州现辖区域中，秦、西汉时的森林覆盖面积约占总土地面积的 90%，东汉后稍有下降，南北朝时期森林覆盖率略有增加，隋唐时

---

① 甘肃省发展与改革委员会提供资料（2006 年 12 月提供）。
② 甘南藏族自治州地方史志编纂委员会：《甘南藏族自治州志·人口志》，民族出版社 1999 年版，第 1026 页。
③ 同上书，第 1074 页。
④ 闫倩：《甘肃人口增长的特点分析》，载《西北人口》1999 年第 1 期。
⑤ 甘南藏族自治州政府提供数据（2007 年 5 月提供）。

下降到 85% 左右。五代、宋、元时期下降幅度不明显。明代的垦殖屯田，使境内的森林覆盖率下降到 75% 左右。清末民初的大肆砍伐，使境内森林覆盖率下降到 63%。至新中国成立前夕，州境内的森林覆盖率仅为 55%。到 20 世纪 50 年代末期，州境内的森林覆盖率已降至 48%，1985 年森林覆盖率变为 36%。至 2000 年年底，全州森林覆盖率仅为 19.85%，其中 7.5% 为灌木丛覆盖。

另外，甘南由于特殊的地理位置，经济发展较为落后，人口虽然尚未对经济发展构成较大威胁，但人口总量增长较快、人口素质偏低是影响甘南生态环境可持续发展的重要因素之一。与全国相比，甘南藏区的文盲、半文盲率较高。文化素质偏低，将对生态环境保护带来不利影响，因为生态环境意识同文化素质有密切关系。文化素质的提高会增强人们认识和遵循自然规律与经济规律的自觉性，便于掌握保护环境的知识和技能。文化素质偏低的劳动者，很难适应科学技术层次较高的复杂劳动，大多数挤入已经过剩的农牧业劳动行列，加重了生态环境的承载压力。

（二）贫困问题

西北生态脆弱区也是我国主要的贫困人口集中分布区之一，恶劣的自然条件和自然环境是西部民族地区群众面临的生存条件。

甘南州经济社会发展落后，恶劣的自然环境严重制约了经济社会的发展，而经济发展落后和生活贫困又导致了落后的生产生活方式对脆弱的生态环境带来严重的破坏，形成了贫困—生态环境恶化的双重胁迫和恶性循环。甘南州旱、水、雪、风、雹、沙尘暴等自然灾害频繁，生态环境十分脆弱。加之人口增长、不合理的耕作方式、毁林毁草开荒等不合理开发，原本脆弱的生态进一步遭受破坏，水土流失日益严重，有的地方已无地可耕、无牧可放，连最基本的生存条件都难以保障，形成人口、资源、环境的尖锐矛盾，陷入资源破坏、环境退化、贫困加深的恶性循环中。这些地区同时又是地方病高发区，地方病和传染病流行，致贫因素多，贫困程度深，出现"丰年越温，灾年返贫"的普遍现象。各地常年返贫率 15% 以上。

我国实施天然林保护和退耕还林还草工程，本质上是解决西部乃至全国生态环境恶化的根本出路，其结果却是切断了保护区内部分农牧民的传统收入来源，同时这些地区短期内很难形成新的收入来源，生产生活只靠国家的补贴，直接造成群众的收入减少，出现了新的贫困人口和返贫人口。据调查，甘南州林区实施"天保工程"以后，人均减收300元左右，占人均收入的1/3，造成新的贫困人口。甘南迭部县由于这一工程使财政收入减少95%以上，农民人均减收311元，60%左右的农村人口返贫。

因此，促进贫困地区经济发展，帮助贫困人口脱贫致富不仅对于全面建设小康社会有重要意义，更为重要的是有助于减轻生态脆弱地区的生态环境压力，保护国家生态安全具有举足轻重的作用。

（三）不合理的社会经济发展模式

目前，甘南的经济发展仍然表现为三高一低，即高投入，高污染，高耗能，低产出。在传统的经济发展模式下，面临着耕地质量下降、环境污染严重，生态不断恶化等问题。面对严峻的资源、环境、生态的压力，改变过去传统的经济发展模式已成必然。

甘南虽然是资源输出型的生态经济区域，但经济发展仍然处于资源消耗型阶段，甘南应从循环经济的发展中寻找出路，以资源利用最大化和污染排放最小化为主线，通过产业间的链接，以形成产业的有机集群，将经济活动组织成为"资源—产品—消费—再生资源"的物质反复循环的闭环式流程，实现废弃物资源化，提高资源利用效率，减少或者避免生产、服务和产品使用过程中污染物的产生和排放，以实现物质的再生循环和分层利用，减轻或者消除对人类健康和环境的危害，从源头上遏制生态环境恶化、实现生态系统良性循环。

历史实践证明，从以环境换取经济增长到以环境优化经济增长，是环境保护的重大历史性飞跃。树立以环境优化经济增长的观念，是全面落实科学发展观的重要举措，是建设资源节约型和环境友好型民族社会的必然要求，是促进经济结构调整和增长方式转变的重要手段，是构建和谐社会和全面建设小康社会的实际行动。加快实现"三个转变"，即从重经济增长轻环境保护转变为保护环境与经济增长并重，从环境保护滞后于经济发展转变为环境保护和经济发展同步，从主要运用行政办法保护环境转变为综合运用法律、经济、技术和必要的行政办法解决环境问题，坚决摒弃以牺牲环境换取经济增长的做法，是实现经济社会与环境保护统筹协调发展的必经之路。

近些年来，甘南各级政府不断加大生态环境保护力度，增加投入，生态环境质量有所改善，但仅靠不足全省1%的全州年财政收入、全国0.1‰的微薄收入，很难起到大的作用。对于甘南这样重要的国家"生态屏障"应该采取超常规的有别于其他地区的方法和措施，从惠及长江、黄河中下游亿万人民及中华民族千秋万代的生存高度，充分认识甘南在我国生态环境保护工作中的重要地位和重大作用；要明确甘南位置特殊的"接合部"的森林草地承担着巨大的有别于其他地区的维系自然环境与生成自然环境的重任。这项重任远远超过了这些森林草地资源自身的价值，也超越了一般地区森林草地保护环境的责任，同时也超越了甘南本身的区域范围。

三　人类活动

（一）草地资源的过度利用

草地资源的过度利用是直接引起草地沙漠化的主要原因之一。目前全球有36亿公顷土地受到沙漠化直接危害，占全球干旱土地的70%，沙漠化威胁地球13%的陆地表面。每年有500万—700万公顷耕地变为沙漠，全球每年大约10亿人生活在沙漠化和遭受干旱威胁的地区。全球每年平均有600万公顷土地不能恢复生产而荒废，渐成沙漠。

在以草地资源为主要生产资料的甘南，随着养畜数量的不断增加，草畜矛盾日益突出，草地长期处于超载过牧而造成草地退化，致使草地畜牧业生产处于低水平的维持状态。超载过牧使天然草地放牧利用中的畜群密度过大、放牧强度过大和放牧频度过高，频繁的啃食和践踏，使牧草失去了休养生息的机会，再生能力降低。同时，也破坏了天然草地的生物多样性。适应性好的优良牧草在被频繁采食以后，在草地植被群落中就逐渐衰退，而不可食草或有毒有害草迅速增加，草地质量变劣，导致草地植物群落失去了稳定性的基础，于是天然草地就发生逆向演替变化，生产能力下降。草地生态环境的不断恶化，草地水资源枯竭，造成草地生产能力和优质牧草比例严重下降。

甘南州是贫困人口分布比较集中的地方，全州7县1市均未脱贫，贫困迫使人们不计生态恶化的后果，一味索取自然界的物质，贫困又使人们过快地增加人口，增大对人口自然环境的压力。以玛曲县为例，随着人口的不断增加，牲畜数量亦成倍增长，全县各类牲畜20世纪50年代为24万头（只），60年代为33万头（只），70年代为45万头（只），80年代为60万头（只），而1998年已增至70.53万头（只），家畜数量呈直线增长；1989年草地超载量达35万个羊单位，至90年代末，超载40多万个羊单位，导致草场退化、草场质量下降，生态环境失衡。①

此外，在1958年"大跃进"和"人民公社化"运动中，甘南州违背经济和自然规律，提出"开光平滩、牛羊上山"违背自然生态规律的口号，大搞移民垦荒，全州开垦草地120多万亩，许多冬季草场变成耕地，极大地干扰了生态平衡。②

近年来，甘南州为解决草畜矛盾，减轻草场超载放牧，开始建围栏草场，划区轮牧，建立人畜饮水设施。但投资平均每亩只有0.02元，远远不能满足草原建设的需要。③ 据调查，甘南州合作市干旱草场由于长期处于超载过牧而造成草地退化面积已达97.8万亩，占可利用草场的39.6%，草地退化严重，已大大削弱了草地畜牧业在当地经济发展中的主要地位，同时也严重威胁到草地资源的生态安全。

---

① 杨勇、杨维军：《甘南州生态环境现状及建设对策研究》，http://www.tibetology.ac.cn/index.php? lang = zh，2004年11月3日。
② 甘南藏族自治州概况编写组：《甘南藏族自治州概况》，甘肃民族出版社1986年版，第122页。
③ 罗发辉：《甘南牧区草原建设与发展畜牧业研究》，载《甘肃民族研究》1996年第3期。

（二）水资源的不合理利用

甘南水资源时空分布不均衡，雨季降水丰沛，地表水流及浅层地下水迅速得到补充；在旱季，一些地区的地表水体不能满足供水要求时，不得不以地下水作为供水水源，甚至大量开采深层地下水，难以得到补充的深层地下水越用越少。与甘南社会发展相比，随着当地经济的发展，人口的增加，人们对水资源的消耗量也以几何级数增长，水资源供需矛盾日渐突出，导致地下水环境恶化。随着经济建设进程加快，对水资源的需求量越来越大，对地下水的依赖性更强，地下水被广泛地开发利用，其开采量加速度增加，最终形成掠夺式开采，生态环境不断恶化。

据调查，位于甘南西北部的玛曲县，是黄河源区降水量最充沛的地区，同时也是黄河的重要水源补给生态功能区。历史上，这里曾是水草丰美、湖泊星罗棋布、野生动植物种群繁多的高原草甸区。然而，由于人类活动加剧以及全球气候变暖等因素影响，当地沼泽旱化、冻土消融、地下水位下降、地表水减少，特别是这一地区众多的湖泊、湿地面积不断缩小，曾被誉为黄河"蓄水池"的玛曲湿地干涸面积已经达到 10.2 万平方公里。此外，随着人口的增加及森林采伐和过度放牧等活动，当地 80% 的天然草原已出现不同程度的退化，出现沙化草场 5.3 万平方公里，受沙化影响的草场面积达 20 万平方公里，导致水源补给生态功能区水资源涵养功能急剧减弱，补给黄河的水资源大量减少，对整个黄河流域的经济社会可持续发展和生态安全构成了严重威胁。

（三）森林资源破坏严重

在历史上，东汉实施屯田政策后，甘南境内接近枹罕郡的大夏河中游和接近同和郡（岷州）的洮河中游林区开始受到周边地区的轻微蚕食，部分林间草地和灌木丛开始被开垦屯田。夏河县八角城遗址发现的大石臼和碾盘，就是当时屯田军士加工粮食的遗物。魏晋南北朝时期，境内的建置多被废弃，迁徙垦殖的边民逐渐离去，田园荒芜，先被开发的大面积农田及草甸植被得到休养生息的机会。隋唐时期，境内随着州、县建置的设立，人口日趋增长。临近居民点的河谷、滩阶地被垦为农田，部分林木被作为造房材料、燃料等消耗。白龙江、洮河、大夏河中游沿岸的台阶地、河谷滩地中的森林逐渐消失，临近村庄的浅山、阳坡处茂密的阔叶林和灌木林也日渐稀疏。吐蕃兴起后，由于吐蕃政权重牧轻农，对森林造成的轻微损伤得到一次长久的历史复苏。明洪武初年，实行军民屯田，令州境白龙江、洮河沿岸均辟为屯地。河谷滩地、台阶地及低山丘陵处的林木尽被砍伐烧毁，垦为农田，今属临潭、卓尼、舟曲等县境的森林分布面积减少了一半以上。明太祖朱元璋为了使边陲地区社会稳定，解决军需粮草的供应，把大量应天府和安徽凤阳、定远一带的居民迁到洮岷一带"屯田"，并把许多罪犯也发配到这里服役。洪武十二年（公元1379年），洮州18个藏族部落联合反明，沐英又一次征伐，从原来开国将领徐达、常遇春、胡大海、康茂才、朱亮祖等部中抽调部分士兵到洮州屯垦。清代，甘南州森林破坏速度加快，并引发水土流失、河水泛滥等生态问题。康熙四十六年编纂的《河州志》载："大夏河最暴，桥梁冲没无常。"这与明人记载的大夏河流量变化小，河床稳定已是大相径庭。① 清末民初以来，由于近代资本主义的不断发展，经济建设对木材的需求越来越多，加上1929年的"河湟事变"，无数寺院、民房被烧毁，使甘南州的森林资源特别是洮河林区森林资源受到很大破坏。据民国时期资料，全州每年采伐200多万株，1941年洮河上游林区运出木材60万株，洮河中游林区1932年共采伐木材120万株，西固黄家路山林区1943年共输出木材约17万根，白龙江之木材每年运销达3万多株，大夏河流域每年输出木材万余根。②

　　据调查，在"文革"时期，甘南州乱砍滥伐森林的不法行为达到惊人程度，当地森林资源每年以130万立方米的速度递减，消耗量超过净生

　　① 甘南藏族自治州概况编写组：《甘南藏族自治州概况》，甘肃民族出版社1986年版，第148页。

　　② 李斌：《解放前洮河林区滥伐情况》，载《甘肃文史资料选辑》，甘肃人民出版社1999年第13辑，第326页。

产量的 37.4%。[①] 卓尼县洮河上游的水源涵养林以木质优良著称,从 60
年代起当地与邻县群众乱砍滥伐,年复一年屡禁不止,毁林达 42 万多亩,
其中 36000 亩林区变成荒山,92000 多亩幼林被砍光。20 世纪 80 年代以
来,甘南州作为用材林基地,采伐规模进一步扩大,森林覆盖率急剧下
降,原来林木葱郁的卓尼县,现在森林覆盖率已不足 24%。

此外,人为火灾和天然火灾对甘南州森林生态环境安全的影响也是巨
大的。新中国成立前由于历次战争和人为引起的森林火灾,使甘南林区受
到严重破坏。据历史记载,国民党政府统治时期,曾发生火灾 86 次之多。
冶木河流域的尖山爷 25 平方里林区,1946 年被军阀纵火延烧半月之久,
全部化为灰烬。"火灾现象,在白龙江上游各地森林最严重,火灾延烧区
域辄有达数方里以上者,被灾之地除少数的阔叶树外,则无分老树幼木,
灌丛杂草,几悉化为灰烬,情状之惨,殊令吾人惊骇。"[②]

（四）生物多样性的保护不力

生物资源是人类生存和社会发展的物质基础。在甘南,有适应青藏高
原高寒草地特殊环境的独特动物种质资源,如河曲马牦牛、藏羊、厥麻猪
等;也有世界唯一的高寒植物种质资源——高寒草。甘南生物种类丰富,
类群从基因、细胞、个体或生态系统各个层次,均能为人类提供有价值的
野生、家养或栽培生物的种质、遗传基质特殊基因材料。

近年来,甘南生物物种遭到严重破坏。一些生物物种由于生存环境严
酷,加之人为的滥捕、乱杀和滥采乱樵,以及草地的不合理利用,使生物
物种质遭到严重破坏、优良牧草减少,毒杂草增加,一些特有种质资源已
丧失而无法补救。

据调查,甘南合作市与 20 世纪 70 年代相比,植被覆盖度降低了
19%,群落中的小高草趋于消失、逐渐被棘豆、龙胆等毒杂草所代替。由

---

①　甘南藏族自治州概况编写组:《甘南藏族自治州概况》,甘肃民族出版社 1986 年版,第
155 页。

②　杨勇、杨维军:《甘南州生态环境现状及建设对策研究》,http://www.tibetology.ac.cn/
index.php? lang=zh,2004 年 11 月 3 日。

于生物多样性的保护不力，鼠类天敌的剧减，导致鼠害猖獗。合作市草地类型是亚高山草甸草场，主要鼠种有中华鼠、达乌尔鼠兔、西藏鼠兔等，繁殖能力极强的鼠类对草场植被造成的破坏给草地生产能力的影响是长期的，尤其是中华鼢鼠分布面积广、数量多，对草场危害严重。以中华鼢鼠为例，在无鼠害的亚高山草甸草场上，亩产禾本科牧草28.8千克、莎草科牧草64千克，可食杂草类86.7千克。有毒有害草0.7千克，合计亩产180.1千克。而有鼠害的地段，禾本科牧草下降55.6%，莎草科牧草下降60%，可食杂草上升5%，有毒有害草上升651.4%。这一现象表明，甘南生物多样性的保护不力，直接影响到当地的生态平衡，危及当地的生物资源安全。

（五）污染物的过度排放

据统计，目前，全世界每年有4200多亿立方米的污水排入江河湖海，污染了5.5万亿立方米的淡水，这相当于全球径流总量的14%以上。水污染防治不力，已严重影响到人类的生存和发展。

随着甘南州人口的增加和小城镇建设步伐的加快，农村人口向城镇集中，供水压力不断增大，城镇人口生活污水的集中排放量也骤然增加；以及当地工业的发展速度较快，产生大量工业废渣、废水，并且未经治理就随意排放，均给甘南的水污染治理带来了困难。

据调查，目前甘南州的内水污染有两类：一类是自然污染；另一类是人为污染，当前对甘南水体危害较大的是人为污染。甘南在污染物的排放管理过程中，一些地方重建设轻管理，重开发轻保护，边建设边破坏，建设赶不上破坏的现象十分严重。虽然甘南工业"三废"排放总量不大，但其万元产值的排污量都远远大于省内其他地区和全国平均水平。本来就十分脆弱的水资源生态系统，已遭到严重破坏。

四　制度因素

（一）不合理的草地资源利用及保护制度

落实草地使用权、完善草地长期有偿承包经营责任制，是实现草地有效保护、合理利用、恢复建设的前提与保证。目前在甘南州草地资源利用及保护制度中存在较为突出的问题是，草地使用权没有落实、草地使用权不明晰，草地长期有偿承包经营责任制难以实现，有限的资源与无限的利用之间的矛盾日益加深，这些问题是造成草地抢牧、过牧、滥牧、无人管理、无人保护、无人建设、草原不断退化和草地畜牧业生产效率不高的直接原因。

在甘南的草地使用权落实、使用权明晰和草地长期有偿承包经营责任制方面，应当树立"草地有价、使用有偿、建设有责"的新观念，把草地的使用权、经营权、保护权真正落实到牧户，以便充分调动广大牧民保护草原、建设草原和合理利用草原的积极性，并逐步推进草地使用合理流转，适度向养畜能手有偿集中，加快草业向适度规模化、专业化和商品化发展。要坚持"两权"分离的原则，落实草地所有权和使用权。把集体所有的草原落实到村，由村作为所有者代表，与牧户签订合同，把《草原使用证》发给牧户。承包合同期限一般为20—30年，要坚持"人畜兼顾"的原则，合理划分草牧场。既照顾各家拥有的牲畜，又兼顾人口变化应留出一定的机动草场。要合理确定草牧场有偿使用收费标准。加强草场使用费管理，遵循"取之于草、用之于草"的原则，将草场使用费集中用于草原建设。也可以有偿形式，扶持牧户进行草原建设，定期收回，滚动使用。

在甘南的天然草地保护和建设方面，尤其要认真建设草地围栏，不仅将它作为草地划界、保护的措施，更要作为草地集约化利用、科学合理分配放牧日粮的重要手段。对天然草地实行轮封轮牧、培育改良，严格控制载牧量，使牧草的利用率控制在50%左右，即"吃一半留一半"，实现以"以草定畜、增草增畜、建设养畜"。以家庭牧场为基础，不断提高天然草场的生态功能与生产能力。

在解决有限的资源与无限的利用之间的矛盾方面，应当充分考虑到甘南的自然气候变化情况。由于甘南的冷季长，草与畜供求的季节不平衡尤为突出，故在暖季多养家畜，冬季来临前尽可能多淘汰家畜，充分发挥家畜早期生长优势和牧草生长季优势，实施季节畜牧业和易地育肥，是减少冬春家畜死亡和掉膘损失、减少放牧压力，大幅度提高草地畜牧业生产力水平和经济效益的重大举措。

（二）缺乏完整的生态环境监测及预警防范系统

甘南州作为甘肃省畜牧业基地和矿业基地，鉴于地貌状况的独特、地表植被状况较差、生态环境脆弱、气候环境敏感等特性，应当建立完整的生态环境监测及预警防范系统来减少、减缓极端天气、气候事件对人民生命财产造成的巨大损失。

据调查，甘南州大部分生态环境监测台站自动化水平还很低，观测的精度还很差，难以满足生态环境监测及预警防范准确率提高的需要。目前甘南州的生态环境监测及预警防范监测网络，在监测内容上还很不完善。甘南州环境监测部门计划在 2010 年年底前全面建成黄河甘南段出入境空气自动监测站和在线监测监控设施；实现全区环境质量和重点污染源污染物排放的实时动态监测监控。[1] 但是，在调研过程中我们发现，由于目前我国科技管理体制条块分割等多方面的原因，科技资源利用效率低下，生态环境监测的科学仪器、气候研究科学文献、数量有限的生态环境监测信息资源不能共享，加大了完善甘南州生态环境监测及预警防范系统的难度。许多专家、学者呼吁，尽快推进甘南州生态环境监测及预警防范科技资源实现有效的共享，设计生态环境监测及预警防范科技资源包括气象科学仪器设备资源（诸如气象探测遥感卫星、自动化的气候、生态监测仪器等）和气象科技文献、气象科学数据等气象科技信息资源的共享，做好包括资金投入、体制建设、管理机构、法规制度等问题的顶层设计。实行甘南州空气质量环境质量定期报告制度，并逐步健全日报及预报系统。强化甘南州城镇集中饮用水源地水质监测，提高微量、有毒有害、有机污染物监测能力，逐步开展农牧业生态环境等监测业务。

---

[1] 甘南藏族自治州环境保护局提供资料（2007 年 5 月提供）。

（三）缺乏完善的生态环境安全评价制度

甘南州的生态安全危机从一定程度上说是先前缺乏完善的生态环境安全评价制度造成的。根据法律规定，甘南州各类开发建设项目，必须进行环境影响评价，对总体规划、区域规划、专项规划和各类开发区规划未经环境影响评价的，各级政府和有关部门不得批准实施，环保部门不得审批规划区内单个建设项目。

但是，在调查中我们发现，甘南州部分开发建设项目，未经环保部门审批，相关部门就予以审批立项、核准，并予以工商登记和商业贷款。特别是在对在黄河水源涵养区和内河流域建设易引发环境污染和生态破坏的项目建设中，并未实行施工期环境监理，对于有重大环境影响而又不能落实有效防治措施的规划，没有进行调整，擅自开工建设或擅自投产；对环保设施未经验收或验收不合格，擅自投入生产或使用的，严重违反我国《环境保护法》中的项目建设环保设施"三同时"制度，直接造成了甘南州的生态安全危机。[①]

从维护甘南州生态安全的角度出发，应当建立完善的生态环境安全评价制度，对于这些严重违法的建设项目应坚决依法取缔，责令项目建设单位停建、停产，并严肃追究有关责任人的责任。项目建设单位必须履行组织编制环境影响评价文件的责任，凡未履行环境影响评价审批手续的，严格执行建设项目环保设施"三同时"制度。

（四）缺乏有效的生态效益补偿体系

退耕还草是当前西部大开发战略中农业结构调整、生态建设和植被恢复中的一项重大举措。在调查中我们发现，甘南州将退耕还草作为农业结构调整和生态建设的一个重大突破口，根据生态适应性和经济可行性相结合的原则，对坡度大于20°、海拔2000米以上、降水350毫米以下、大于0℃的年积温2000℃以下地区，发展人工草地养畜业，加大人工种草，草原改良的力度，使人工种草、改良草原的面积超过草原退化面积，从而遏

---

① 甘南藏族自治州环境保护局提供资料（2007年5月提供）。

制草原退化，并向良性演替。①

　　但是，在甘南州实行的退耕还草政策的直接结果是部分农民由于丧失土地却未得到相应的经济补偿，处于无地可耕、没有生活来源的窘迫状态，从而寻找新的土地资源进行无序的农业活动，在一定程度上对于当地脆弱的生态环境造成了新的破坏。生态环境保护是一个整体工程，应当避免生态环境保护中的恢复—建设—破坏的恶性循环过程，降低并逐步消除人类活动对于脆弱的生态环境的破坏，积极推进生态环境的自我修复与人工重建。根据甘南区域的实际情况，我们主张在甘南的退耕还草政策实施中有必要建立包括生态补偿、健康补偿、福利补偿、财税补偿在内的生态效益补偿体系。甘南州政府应当逐步实行以财税补偿为基础，以生态补偿为核心，以福利补偿为主体，以健康补偿为补充的国家补偿体系。积极推进国家补偿体系的理论与实证研究，明确补偿对象，探索补偿途径，确定补偿资金的来源，建立考核补偿效果的指标体系，并通过开展特殊区域的试点工作，总结经验，逐步向其他生态脆弱区推广②。

---

　　①　甘南藏族自治州环境保护局提供资料（2007 年 5 月提拱）。
　　②　薛冰、陈兴鹏：《西北生态脆弱区的可持续发展研究——以甘肃省为例》，http://www. paperedu. cn/paper_9kjq5x/，2006 年 7 月 5 日。

第四章 甘南藏族自治州生态环境安全制度完善建议

生态环境和自然资源是人类赖以生存和社会经济得以发展的基本条件和物质基础。但长期以来，人们普遍的"资源无价"的观念使得人们在发展经济的过程中向自然界索取了过量的资源和能量，造成生态功能的严重退化和生态环境的严重破坏。

生态保护是促进当代经济、环境和社会协调发展的需要，也是惠及子孙、实现代际公平的伟大事业。在我国这样一个人口众多、人均资源稀缺的国度里，人口、发展和资源、环境的矛盾显得尤为突出，对生态环境进行建设、培育，加大其环境容量、增强其生态价值，这是走可持续发展的必由之路。为保证甘南州可持续发展的稳步前行，本文针对甘南州有关生态环境安全方面的经济制度、行政管理制度和法律制度提出以下完善建议。

第一节 与生态环境安全有关的经济制度完善建议

一 建立完善的生态建设激励机制

（一）激励机制的理论基础

关于激励的思想最早可以追溯到亚当·斯密。在斯密看来，"市场机制犹如一只看不见的手，发挥着如下的功能：生产有市场价值的物品，从而满足他人需要这一活动本身，间接地使生产者获得价值，所以市场机制就是一套行之有效的激励机制。"① 而专门的经济学激励理论对微观经济学基础理论的革命性突破，则是在 20 世纪 30 年代科斯的产权理论提出之后才逐渐引起人们的关注。由于产权能内部化外部性，在实质上构成社会激励的约束机制，所以产权被用来界定人们在经济活动中如何受益、如何受损、受益或受损各方之间如何进行补偿。可以说，有什么样的产权安排，就有什么样的激励效果、行为方式和资源配置效率。当产权没有明确界定时，个人就无法形成与他人进行交易的合理预期，社会就要失去分工和协作带来的效益。同样，当有了产权却得不到社会保障时，个人就无法在经济上作出长期规划，他就没有积累和保护资源的激励，结果浪费和破坏性行为便会产生。② 所以，有关产权的理论将是建立生态建设激励机制的关键性基础。现代经济学用来进行激励机制设计的最佳工具是委托—代理模型。③

市场经济的运行有其自身的规则，必须遵守价值规律、供求关系规律和竞争规律等。商品处于市场的流通环节，其价格围绕价值上下波动；商品的数量出现供大于求的时候价格下跌、供小于求的时候价格上涨；商品能够具有低成本和高质量的优势则存活的空间就更大，有竞争的优势。市场可以对商品的供需和价值要求等予以反映。但当现代经济学把生态环境问题纳入经济分析后研究发现，环境资源的生态功能游离于市场交换关系之外，市场价格无法反映环境资源的稀缺程度，市场功能不发挥作用，即出现了"市场失灵"的问题。市场失灵，是指在配置资源的过程中，市场只处理了一部分权益的交换，没有被处理的部分可以看作市场机制无能

---

①　亚当·斯密：《国富论》，中南大学出版社 2003 年版，第 3 页。

②　綦好东、史建民、岳书铭：《制度创新和可持续利用》，经济管理出版社 2002 年版，第 78 页。

③　张海鹏：《西部农区林业生态建设激励机制研究》，中国优秀硕士学位论文全文数据库，http：//www. cnki. net/kcms/detail/detail. aspx？ dbcode = CMFD&QueryID = 1&CurRec = 15&dbname = CMFD9908&file name = 2005111327. nh&uid = WEEvREdiSUtucEIBV1VFQ2MzNml4QmNOT0NnYXYrbz0 ，2007 年 12 月 18 日。

为力的地方。① 例如上下游工厂之间的关系。下游工厂需要干净水源，上游工厂存在污染水源的行为。这无形中加大了下游工厂的成本但无法从上游工厂获得赔偿。此时如果有赔偿机制，市场还是有效的，可实际情况是并没有这样的市场机制，所以面临市场失灵现状。当代出现的种种环境资源问题往往就是市场失灵的杰作。

当然，由于任何行为，包括生态建设行为都具有"外部性"，那些可以得到补偿的外部性行为符合市场运行机制，那些无法得到补偿的外部性行为则体现出市场失灵。为减少和避免"市场失灵"问题，英国经济学家庇古就指出："对私人生产产生的外部成本进行等额征税，使私人成本和社会成本相等；对私人生产产生的收益进行等额补贴使私人收益与社会收益一致，这有利于资源配置接近于帕累托最优状态。"就生态建设行为而言，生态建设可能使当事人、当地人、跨区域间主体乃至后代都受益，但当事人无法直接亲自向后代要求补偿。如果没有政府的补贴和征税行为，私人收益无法与社会收益一致，私人的生产激励就会不足。所以说，"外部性理论"和"市场失灵理论"警示我们：必须依靠政府来弥补私人收益和社会收益之间的差额，以激励私人供给的生态福利，满足社会需要。②

（二）生态建设激励机制的模式

生态建设是一项造福于子孙后代的千秋伟业。任何一个良好的生态建设项目都可能发挥出生态、经济和社会三方面的巨大功能。生态环境安全的实现、国民经济的稳定持续发展、社会劳动力的安置和失业问题的部分解决都可以通过生态建设在一定程度上予以解决，促进生态、经济和社会效益协调良性循环，为人类的发展创造良好的环境。这一切的实现其根本

---

① 胡春田、巫和懋、霍德明、熊秉元：《经济学概论》，北京大学出版社 2006 年版，第 9 页。

② 张海鹏：《西部农区林业生态建设激励机制研究》，中国优秀硕士学位论文全文数据库，http：//www. cnki. net/kcms/detil/detail. aspx? dbcode = CMFD&QueryID = 1&CurRec = 15&dbname = CMFD9908&file name =2005111327. nh&uid = WEEvREdiSUtucEIBV1VFQ2MzNml4QmNOT0NnYXYrbz0 ，2007 年 12 月 18 日。

途径是建立有效的激励机制。完善的激励机制必须包括激励对象、激励目标和激励机制架构。

1. 生态建设的激励对象

生态建设在进行制度设计之前必须明确谁能够参加到该项活动中来，即要明确生态建设的参加主体和客体。由于生态建设本身具有公共物品、市场失灵和外部性的属性，这使得政府不得不成为生态建设的参加主体之一。另外，生态建设可能获得一定的经济效益，按照"投资利润率的高低来优化资源配置"的观点，社会资本也能进入生态建设领域。一般而言，生态环境的恶化往往给当地的民众带来的损害最大，因为地方生态环境很多时候与地方经济发展息息相关，而地方经济的发展又与当地民众的生活密切联系，生态环境的破坏具有牵一发而动全身的后果，所以说，生态环境建设能否得到当地群众最广泛、长期和持续的社会支持，事关自然环境资源、人类社会和政治国家的切身利益。事实上，当地民众更是生态建设的内部受益者，不管是从生态环境水平改善的角度讲，还是从生态环境建设引发的经济水平的增长以及人民生活水平的提高角度讲，当地的民众都应义不容辞地成为生态建设激励客体之一。

2. 生态建设的激励目标

设计生态建设激励机制，其目的就是要改善目前生态环境现状，增加国民经济收入，促进民众就业，提高人民生活水平。这同时也为生态环境建设激励机制的设计指明了方向。但要进一步制定可执行的行动方案，必须明确生态环境建设激励机制所要达到的目标。

关于生态建设激励目标，从不同角度出发可以有不同的具体内容：从生态建设激励主体的角度看，生态建设激励目标就是，民众在利益机制的驱动下，自觉地参加到生态建设中来；在政府的种种支持下，自发地进行生态建设行为，且不会出现破坏生态建设的行为。从生态建设具有的生态、经济和社会功能效益角度看，生态建设激励目标可以是一系列物化的具体指标，如森林覆盖率、草场覆盖率、水土保湿率、生物多样性，等等。总之，根据不同的环现状，理论与实践相结合，具体确定具有可行性的个性化指标和标准化指标。

3. 生态建设的激励构架

在明确了生态建设激励机制的主体和目标之后，我们就可以在此基础之上构建完善的框架。任何一个框架的搭建都是需要"蓝图"和"建筑材料"，即生态建设激励因素和综合机制体系。

（1）生态建设激励因素

有观点指出，机制是系统内各子系统、各要素之间相互作用、相互联系、相互制约的形式。激励机制是激励主体通过激励因素与激励客体相互作用的形式。这些相互作用的形式可以是相互配合的激励制度的集合，也可以是具有激励作用的价值观念、文化、道德标准和行为准则等。激励客体进行行为的因素以及这些因素作用的时间、条件和程度，就构成激励的完整机制。总而言之，影响激励客体进行行为的激励因素基本包括产权制度、生态补偿制度和社区规则。产权交易机制包括明晰的产权设置、产权流动和配套的市场机制，通过相关的政策和法规，解决资源配置的手段和方式问题。利益补偿机制涉及对什么进行补偿、谁补偿谁、补偿数量的多少、怎样补偿等诸多理论和政策，重点解决生态建设的"外部性"问题。社区促动机制主要是通过政策法规协调民众、市场和政府之间的关系，促进民众参与到生态建设中来，避免民众破坏生态建设的行为发生。

（2）生态建设激励机制的综合机制体系

生态建设本身具有高成本、高风险、低收益和效益外溢性等特征，表现出天然动力不足的问题。这使得生态建设不能单靠市场机制来实现激励的目的，如此构建的生态建设激励机制就应该是包含多因素、多目标、多主体和多渠道的系统工程，包含产权交易机制、利益补偿机制和社区促动机制的综合机制体系。

（三）甘南州生态建设激励机制完善建议

甘南州建立完善的和行之有效的生态建设激励机制，主要从以下几个方面进行：

1. 赋予民众与生态建设相关的明晰权利，出台与生态建设有关的各种具体奖惩标准。根据甘南的适时经济发展状况和民众的生活收入水平等多方指标，针对民众的生态建设行为给予货币奖惩或是物质奖惩。

2. 进一步做好资源开发利用过程中出现的"国家主体资格缺位"的监督和管理工作，降低无业开采行为的频发，尽量避免低效率开采和高指数浪费举动。为避免政府部门利益关涉部门之间责任推诿，应该积极明确各个资源部门的职责权限，明晰部门职责。

3. 进行"资源稀缺"、"资源有限"的各种宣传，彻底使民众摆脱旧有的"资源无价"的观念，从理性的角度制约民众本能的无节制的掠取自然资源的行为。由于甘肃整体经济发展水平有限，广大民众的生活质量并不一致。甘南民众的生活质量更是受制于当地的经济发展状况。在他们的心目中，自我利益的实现是人的本能，国家利益或是社会利益则是相对遥远的概念，所以，我们必须做好保护环境、资源有限、生态建设的宣传和教育工作。

二　建立有效的生态效益补偿制度

人类赖以生存的自然生态系统是经过长期的演化才形成的，具有生态功能和使用价值。当人类利用自然生态系统的生态功能时，它就会创造出一定的社会成果或使用价值。生态效益就是指自然界的生态系统产生的某种影响或结果，这种影响和结果可能是好的，也可能是不好的，既可能带来生态环境的改善，也可能带来生态环境的恶化。[①] 为了趋利避害，人们往往采取一些积极的活动。但由于生态效益本身具有的外部性、间接性和积累性等特性，使得活动的投入没有或部分没有享有投入所带来的生态效益，以至影响到人们生态保护行为的积极性。"理性经济人"为片面追求经济效益，都会忽略生态效益，给生态系统造成负外部经济效益，生态危机加剧，人类可持续发展受到影响。为了有效地避免经济人负外部经济效

---

① 刘超：《关于建立和完善我国生态效益补偿机制的思考》，载《天津社会科学》2006 年第 5 期。

益性行为的产生，我们需要国家、社会、生态效益受益人及其组织以经济手段给予生态环境建设主体适当的经济补偿，使生态效益的外部性内部化，生态环境建设的投资主体得到合理的回报，调动他们的积极性，最终改善生态环境现状。

（一）生态效益补偿的概念

生态补偿最早源于 1976 年的 Engriffs regelung 政策，1986 年美国开始实施的湿地保护 No – net – loss 政策也体现了生态补偿原则。[①] 但由于各个学科领域就生态补偿研究侧重角度的不同和生态补偿本身具有的复杂特性，时至今日，生态补偿并没有形成一个统一化的界定。在生态学领域，《环境科学大辞典》曾将自然生态补偿定义为"生物有机体、种群、群落或生态系统受到干扰时，所表现出来的缓和干扰、调节自身状态使生存得以维持的能力，或者可以看作生态负荷的还原能力"。[②] 政治学和社会学领域，生态补偿从"生态环境加害者付出赔偿"演化成"对生态环境保护，建设者的财政转移补贴机制"。[③] 经济学领域，生态补偿是指通过对损害或保护资源环境的行为进行收费或补偿，提高该行为的成本或收益，从而激励损害或保护行为的主体，减少或增加引起行为带来的外部不经济性或外部经济性，达到保护资源之目的。[④]

我国学者对生态效益补偿也给出了一个界定：生态效益补偿从狭义角度理解为对生态功能或生态价值的补偿，包括对为保护和恢复生态环境及其功能而付出代价、作出牺牲的单位和个人进行经济补偿，对因开发利用土地、矿产、森林、草原、水、野生动植物等自然资源和自然景观而损害

---

① 蔡邦成、温林泉、陆根法：《生态补偿机制建立的理论思考》，载《生态经济》2005 年第 1 期。

② 环境科学大辞典编委会：《环境科学大辞典》，中国环境科学出版社 1991 年版，第 266 页。

③ 李甜江、聂向东、郑和平：《生态补偿关键问题的探讨》，载《陕西林业科技》2006 年第 1 期。

④ 毛显强、钟瑜、张胜：《生态补偿的理论探讨》，载《中国人口·资源与环境》2002 年第 1 期。

生态功能，或导致生态价值丧失的单位和个人收取经济补偿金。广义的生态效益补偿，还包括对因环境保护丧失发展机会的区域的居民进行的资金、技术、实物上的补偿和政策上的优惠，以及为增进环境保护意识，提高环境保护水平而进行的科研、教育费用的支出等。[1]

生态效益补偿制度设定的最终目的是为了保护或恢复生态系统的生态功能或生态价值，为了达到这个目的，需要对从事生态建设的人在生态建设中作出的贡献和受到的损失进行补偿，以鼓励他们进行生态建设的积极性。所以说，生态效益补偿就是指人类社会为了维持生态系统对社会经济系统的永续支持能力，针对生态环境进行的补偿、恢复、综合治理等行为，从而起到维持、增进生态环境容量或抑制、延缓自然资本的消耗和破坏过程的作用，以及对生态建设作出贡献者和由于环境保护和利用自然资源而利益受到损失者所给予的资金、技术、实物上的补偿、政策上的优惠等行为，其实只是通过补偿制度的设计，达到生态系统与人类社会的协调、良性互动，最终实现社会经济和人类自身的永续发展。

（二）　生态效益补偿的经济学理论基础

1. 生态环境的公共物品属性

从物品的消费和供给环节来看，在物品的消费环节，当消费的人数增加而供给的成本并没有随之增加时，此类产品或服务就具有了消费上的非竞争性；在物品的供给环节，当供给某种产品或服务时，如果不容易做选择性的供应而必须一视同仁，那这种产品和服务的供给就具有了非排他性。这种在供给上不能排他的商品或服务，称为公共物品。在供给上可以排他，但在消费上不互相排斥的商品或服务称为准公共物品。公共物品往往由公共部门提供，准公共物品可能由私人部门提供。[2] 除此之外，那些既具有竞争性又具有排他性的物品就是私人物品。

生态环境的特征之一就是供给的普遍性、资源的共享性和非排他性，

---

[1]　吕忠梅：《超越与保守——可持续发展视野下的环境法创新》，法律出版社2003年版，第146页。

[2]　胡春田、巫和、霍德明、熊秉元：《经济学概论》，北京大学出版社2006年版，第9页。

所以生态环境具有典型的公共物品属性，即我们不会因为自己对生态环境的消费而排除他人对生态环境的使用和消费。事实上，因为生态环境状况改善而带来的利益往往也是由公众分享的，生态环境改善产生的利益不会因为利益来源于某个个体的投资就排除了其他人对利益的享有，这称之为公共物品的"搭便车"现象。即是指通过某种方式让别人付出精力、时间等，而自己袖手旁观、坐享其成的行为。[①] 对于生态环境而言，如果由自己采取某些行为，那么自己一定要付出成本，但该行为所带来的好处却不限于自己，其他人也能获益。反之，如果自己不采取行动而由他人行为，那么别人付出成本自己却可以享受好处。

另一方面，在市场经济条件下，如果市场主体可以任意、无偿、无限制地开发、利用共有资源或向环境排放污染物，从短期来看，每个市场主体都可以不断地从其开发、利用环境资源或排污行为中获得全部正效益，但由此产生的负效益则分摊给其他的人和后代人。在如此动机的驱使下，每个市场主体的共同行为必然导致环境资源的枯竭、破坏甚至毁灭，这即是"公共牧地的悲剧"——当许多人共同拥有某种资源时，每一个人会基于自身利益考虑而尽可能使用，结果是对珍贵的生态环境造成不可弥补的伤害。[②]

2. 生态环境的外部性

外部性原理是解释经济活动与生态环境问题的一个基础理论。外部性又称为外部效应，是指某种经济活动给予这项活动无关的第三方带来的影响。早在 1910 年，经济学家马歇尔就提出了外部性的概念，此后的经济学家庇古将外部性划分为外部经济性和外部不经济性。庇古在其《福利经济学》中指出："经济外部性的存在，是因为当人们提供劳务时，往往使其他人获得利益或受到损害，可是并未从受益者那里获得报酬，也未向受害者支付任何补偿。"[③] 对其他人造成损害的行为具有外部不经济性，又称负

---

① 胡春田、巫和、霍德明、熊秉元：《经济学概论》，北京大学出版社 2006 年版，第 9 页。
② 同上。
③ 庇古：《福利经济学（上）》，台湾银行经济研究室 1971 年版，第 326 页。

外部性；使其他人共同受益的行为具有外部经济性，又称正外部性。

3. 外部不经济性的内部化

外部性的存在会导致市场失灵，而要通过市场资源配置实现帕累托最优以解决环境问题，必须使外部不经济性内部化，即要使市场主体将自己行为的外部效应纳入成本。对外部性的解决方法，经济学家有不同认识，最著名的要属庇古说和科斯定理。庇古认为：外部性产生的原因是市场失灵，要通过政府干预来解决。正外部性就给予补贴，负外部性就予以罚款，使外部性生产者的私人成本等于社会成本，达到整个社会福利水平的提高。科斯认为：外部性的实质是双方产权界定不清，权利和利益边界不确定。解决外部性问题就要明确产权，即要明确人们是否有利用自己的财产采取某种行动并造成相应后果的权利。

其实，在产权没有明确界定的情况下，无法确定谁的行为妨碍了谁，谁应该受限制，更无法确定谁补偿谁。而在产权界定清晰的基础上，基于产权产生的行为权利和利益边界十分明确，没有交叉，也很公平。所以，生态效益补偿应以资源产权的明确界定作为前提，通过体现超越产权界定边界的行为的成本，或通过市场交易体现产权转让的成本，引导经济主体采取成本更低的行为方式，达到资源产权界定的最终目的：使资源和环境被适度持续的开发和利用，使经济发展与生态保护达到平衡协调。

（三）甘南州生态效益补偿制度的具体内容

生态环境是一个复杂的整体，任何局部区域生态环境的破坏或是生态功能的缺损都可能会影响到整个生态系统乃至全球生态系统的平衡稳定。生态环境破坏具有明显的外部不经济性。如甘南州境内的河流，作为黄河、长江等重要干流的重要水源补给区，随着近些年人类的过度开发利用环境资源，水土流失、草原沙化荒漠化和盐碱化等，全州的水源涵养能力下降，已经开始威胁到黄河和长江中下游地区的生态环境。这种生态环境破坏的危害并不完全由甘南州境内的主体独自承担，而是由中下游和其一并承担，如果危害更严重的话，这一切后果将可能由全国承担。生态建设和环境保护是一种为社会提供集体利益的公共物品或劳务，它被公众所消费，这种物品一旦被生产出来，没有人可以被排除在享受它带来的利益之外，所以它是外部经济性很强的公共物品。基于生态环境具有的公共物品属性，使得生态建设和环境保护的外部受益者能无偿地占有别人的利益而不珍惜，对于生态建设和环境保护的内部行为者却因为自己创造的利益被他人部分享有而自己的局部利益无法补偿使得其积极性受损，从而减少了对社会利益的贡献。为此，我们应该建立合理高效的生态效益补偿机制，充分调动生态建设者的积极性，通过合理的制度安排，使收益者支付合理的获益成本，行为者得到合理的利益补偿，实现最大的生态效益。

近年来，我国为了加强生态环境保护，进行了生态效益补偿的尝试，在恢复生态环境功能等方面起到了极大的作用。结合已有的经验和现实状况，甘南州应尽快建立和完善统一的生态效益补偿制度。具体应包括：

1. 甘南州生态补偿财政转移支付制度

生态补偿财政转移支付制度是政府进行生态补偿的一项重要制度，即为了实现生态系统的可持续性，通过公共财政支出将其收入的一部分无偿地让渡给微观经济主体或下级政府主体支配使用所发生的财政支出。对生态补偿实行的转移支付由税收返还、专项拨款、财政援助、财政补贴、对综合利用和优化环境予以奖励等形式。对生态效益补偿进行财政转移支付是由政府管理公共事务的职责决定的，也是各地区间协调发展的要求。对于生态敏感的贫困地区，甘南州可以通过转移支付的方式补偿他们因生态环境保护而可能丧失的经济发展机会。对于环境已被污染生态已遭破坏的地区，甘南州可以根据其检测掌握的该区域环境污染状况、经济发展形势及其所要达到的环境质量目标确定补偿金额的数目。

2. 甘南州生态补偿费制度

生态补偿费是指环境保护行政主管部门对开发利用生态环境资源的生产者和消费者直接征收的，用于保护、恢复开发利用过程中造成的自然生态环境破坏的费用。在甘南州征收生态效益补偿费，实质是要求对在甘南州从事具有生态效益功能的自然资源开发利用活动而使在甘南州生态环境造成不良影响的生产者和消费者为其行为后果承担责任。该制度在 20 世纪50年代就已经被世界上的许多国家采用，但在我国还只是试点阶段，生态效益补偿制度的建立也不完善。所以，在甘南州要进行生态环境保护，对开发利用自然资源造成其生态功能丧失者征收生态效益补偿费，必须运用行政手段，明确征收生态补偿费的目的、主体、对象、范围、标准、使用等，从而进一步完善我国生态补偿费制度。

3. 甘南州生态税制度

生态税，又称环境税，指国家为了筹集资金保护环境与资源，调节经济主体环境保护与资源利用行为，对开发、利用环境资源的社会组织和个人，课征的一系列税收总称。生态税是一项专项税收，作为国家财政收入，只能用于生态环境保护，是生态补偿的筹资机制。在甘南州征收生态税也是防治污染、改善环境的一种经济手段，是利用价值规律，通过征收适当税额给损害环境资源的社会组织和个人以外在的经济压力，促使其节约和综合利用自然资源、减少和消除环境损害。生态税是在甘南州促进环境保护、进行生态补偿的激励机制，体现生态补偿的目的，属生态补偿的制度之一。

4. 甘南州生态补偿基金制度

生态补偿基金制度是一个总括性的概念，它包括以生态建设和生态补偿为目的所设立的林业基金、森林生态效益补偿基金、各项环境整治基金、退耕还林的补偿基金等各项基金制度。生态补偿基金制度可以充分调动在甘南州社会力量进行生态补偿，在甘南州建立一套行之有效的生态补偿基金制度是生态补偿资金有效运作的根本保证。虽然，国家在财政体制改革过程中一度加大了对生态建设和环境保护方面的资金投入，但在甘南州建立完备的生态补偿基金制度更能保障多渠道、多层次、多形式的资金投入，从而最大限度地调动社会各方力量进行生态补偿。此外，完善的生态补偿基金制度使得生态环境保护的资金来源和数量具有了稳定性和可操作性，且资金在使用的过程中能得到有效的监督和利用，提高了资金的使用效率。

生态环境建设是一项长期而艰巨的任务，需要政策、资金、技术、人力等多方面的支持。甘南作为黄河、长江等重要河流的水源涵养地，其生态功能的地位不容忽视。中央以及甘肃地方也针对甘南的境况进行了生态保护工程的立项，其中近期 10 年将重点实施林区封山育林、牧区退牧还草、生态移民等急需措施，尽快遏制生态破坏和草原退化局面，随之采取综合措施，促进全面恢复功能，从根本上增加和提高水源补给能力。面对这些项目的实施，国家和地方财政必须予以大力支持，通过征收生态税（或费）、划拨专项资金等方式进行资金支持。甘肃的经济发展水平整体不高，甘南州的生态作用又举足轻重，我们必须在有限的财政资金支持幅度内，争取最广泛的社会生态补偿基金和国家生态补偿基金，号召全甘南州以及全国广大民众共同参与到生态建设中来。

三　建立完善的生态资源市场化制度

（一）生态资源非市场管理的弊端与生态资源市场化制度的产生

在传统的计划经济体制下，人们通过计划克服资本主义自由竞争生产方式的弊端，消除资本主义生产过程的自发性和盲目性，通过计划调节手段，使社会资源按社会化大生产的客观比例来进行。在实际的经济生活中，传统的计划经济体制排斥了商品、货币关系，使得社会化大生产的比例，只能以中央政府的计划部门的计划为唯一标准。但是，在很长的时间内，传统的计划经济中并未加入生态环境保护的考虑，甚至认为生态环境问题是资本主义生产方式的必然产物，社会主义就对污染和环境破坏有天然的免疫力。随着环境问题的严重和环境保护意识的提高，计划体制国家也逐步认识到要进行生态环境保护，要将生态环境保护纳入国民经济与社会发展计划，并为生态环境保护投入了大量的人力、物力和资金。

在我国，对生态环境的保护主要表现为政府职能，与企业和市场没有密切的关系。出现了一方面是企业再生产过程中无所顾忌的污染和破坏生态环境，另一方面是政府千方百计的治理生态环境，其结果是政府防不胜防、治不胜治、越治理包袱越沉重，最终形成了污染与破坏日趋严重的局面。[①] 作为西部经济落后地区，甘南州的生态环境问题越发突出和尖锐。

---

① 吕忠梅：《环境法新视野》，中国政法大学出版社 2000 年版，第 80 页。

加之在我国政策的影响下，甘南州政府长期对生态环境保护、建设运用计划经济模式进行管理，致使生态环境的无价化和非商品化，造成生态环境保护工作的低效，使得一些国家法律规定的生态保护与恢复工程不能得到切实实施。

在甘南州，长期以来实行的生态资源非市场管理的弊端导致生态环境的不断恶化，严重地制约了地区经济的发展和人民生活质量的提高，主要表现为以下方面：

1. 生态环境资源的无价化造成对生态资源的掠夺式开发和极大浪费

长期以来，甘南州在思想认识上形成了"产品高价、原料低价、资源无价"的观念。[①] 在这种资源无价的观念及理论、政策的误导下，以及由于经济活动的分散性、各经济主体在利益上的独立性，出于损益考虑，导致了资源的无偿占有、掠夺性开发和浪费，以致造成资源的极大破坏和生态环境的极度恶化，严重阻碍了甘南州社会经济的可持续发展。

2. 生态环境资源的非市场管理造成生态环境保护建设的低效

由于生态环境资源的无价化和非商品化，导致利用者掠夺式的开发和大量浪费，虽然国家为了制止这种现象，制定了一些有关生态环境保护的法规，但仍然是在生态环境资源无价化和非商品化的基础上制定的，存在许多漏洞和不完善之处。而且由于这种非市场化的管理，造成许多生态环境建设项目人、财、物的巨大浪费。如甘南州大部分本来就不适宜大面积造林，而有的部门和地方为了本部门和本地方的利益，为了争取国家资金，为了"政绩"工程置自然规律于不顾，硬是要"知难而上"，广泛种植乔木林，造成年年造林不见林的被动局面。面对这种情况，在党的十六大提出的建设小康社会目标中，就特别强调了生态环境建设，强调了实现人与自然的和谐，增强可持续发展的能力。因此，将甘南州生态环境资源真正由无价资源变为有价和能交易的商品，并对生态环境保护和建设实行市场化运作管理，即实行生态环境资源的商品化及市场化运作管理是生态

---

① 曹凤中：《中国发生持久性环境危机的经济学分析》，载《陕西环境》2003 年第 5 期。

环境保护、建设的根本出路。历史的经验教训告诫我们，要搞好生态环境建设，必须走生态环境资源商品化及市场化运作管理之路，否则不能奏效。

基于上述情况，在甘南州改变原来的计划经济生态环境保护模式、建立完善的生态资源市场化制度已迫在眉睫。

（二）制度性思考

面对如此严峻的生态资源环境危机，摆在甘南州政府面前的当务之急，就是尽快建立并完善生态资源市场化制度。

1. 树立生态环境资源有价化理念

生态环境资源是有价值的，是一种资产、财富，它的增加或损失是社会资本或资产的增加或损耗。在甘南州，不能放任资源无价这种思想在社会中的滋生，并且要在绝大多数人的心中建立资源有价，定量确定其价值量，就要形成一套科学合理的生态环境资源有价的货币化评价体系，通过国民财富、经济产值、投入产出三种渠道进行核算，将其纳入国民经济核算体系，以准确反映生态环境资源的消长及对社会经济发展的影响，进而为指导工作提供科学的决策依据。

2. 根据生态环境资源市场需求，进行市场交易，将其商品化

由于我国长期实行计划经济，加之现行的市场经济不完善，形成对生态环境资源的无偿调拨、无偿使用，使得我国生态环境资源市场没有真正形成市场需求，适销对路产品很少，难以交易，难以商品化。因此，甘南州当前急需在生态环境有价化的基础上，大力培育生态环境资源市场，生产适销对路的生态环境产品，减少交易成本，提高购买力，刺激消费，实现商品化。这项工作可在甘南州对生态环境资源消费需求大，购买力较强的城市、工矿、交通、电力、高新开发区、旅游景点等部门和地区进行试验示范，取得经验，逐步推广。

3. 对生态环境保护和建设工作要按市场化运作机制进行管理

任何生态环境保护和建设都可以将其看作大小不同的项目，看作大小不同的商品，在生产项目商品之前，要考虑市场需求和效益，进行生态环

境资源货币化的投入产出分析，确定项目的经济合理性规划项目时要详尽分析市场需求，因地制宜地制订生态产品的生产、加工、销售计划。具体的规划步骤应是分析市场需求，确定产品，确定加工，确定销售渠道，最后因地制宜地生产。市场化运作的关键是实现生态环境商品的需求方、供给方的交易。需求方可以是中央政府、各级地方政府，可以是大中小城市、农村，可以是各行业部门，也可以是企业、公司、个人等，可以将它们看作是生态环境商品消费的不同客户；供给方可以是甘南州国有、集体、个体和私营的生态环境资源生产者和加工者。

第二节　与生态环境安全有关的行政管理制度完善建议

一　建立完善的生态环境安全评价制度

生态环境安全评价是对生态系统完整性以及对各种风险下维持其健康的可持续能力的识别与研判，以生态风险和生态健康评价为核心内容，体现人类安全的主导性。生态风险识别和生态脆弱性是生态风险评价的构成要素，生态健康则表现在生态完整性、生态系统活力与恢复力三方面。生态环境安全评价的指标体系应将生态风险和生态健康有机结合，同时兼容不同空间尺度并能体现动态变化。

（一）生态环境安全评价的指标和方法

1. 生态环境安全评价的指标

生态环境安全评价制度研究的关键环节应该是建立科学的评价指标体系。就现阶段国内外在生态环境安全评价领域的成果而言，没有专门的有关生态环境安全评价的指标体系，众多学者是从反映生态环境安全程度的生态环境风险和生态环境健康两方面提出了大量的针对不同尺度的度量指标。

生态环境风险是指生态系统及其组分所承受的风险，干扰或灾害对生态系统结构和功能造成损害的可能性，以降低风险为目标的安全管理乃是实现区域可持续发展的重要保障。生态风险的识别包含风险因素的确定和生态系统或生态环境脆弱性的认识。对生态系统或环境造成一定损害的任何事件或过程都可以被定义为生态风险因素，生态系统或环境的脆弱性则包括 REI（作用于某一环境状态或生态系统的风险或压力水平）、IRI（生态系统对某一水平风险或压力的内部恢复力）、EDI（生态系统或环境对外部压力的外在恢复力）。生态系统健康是指一个生态系统所具有的稳定性、完整性和可持续性，包括生态系统维持其组织结构完整、自我调节和对胁迫的恢复能力、系统功能和组分多样性的可持续能力等。

生态环境风险和生态环境健康的任何一方都可以反映生态环境安全，只是前者强调外界的影响和潜在的胁迫程度，后者强调系统内在的结构、功能等的完整程度、活力与恢复力状态。二者有机结合才能对生态环境安全作出完整准确的评价，二者共同构成生态环境安全的核心。

建立完善的生态环境安全评价指标体系是对环境安全作出客观准确评价的基础。但由于生态环境本身的复杂性和技术要求强度高等特性，要形成系统化的指标体系并不容易，所以，我们必须综合考量各方面的因素，理论和实践充分结合，争取早日获得行之有效的评价指标体系。

2. 生态环境安全评价的方法

生态环境安全对于经济发展和未来的资源合理利用起着很重要的作用，所以评价和分析生态环境安全，了解其状况和动态变化，从而为生态环境和建设提供依据，具有非常现实而重要的意义。目前，国际上对环境的评价做了大量的工作和实地分析，我国的某些城市和区域也启动了关于生态安全的评价研究和修复工作。主要的评价方法有以下几种：

（1）比较法

这种方法选择某一生态系统（如森林生态系统、湿地生态系统等）的一组特征变量与另一"纯天然"或"未受干扰"的生态系统的相应特征变量进行比较，以此来判断该生态系统的天然程度，天然程度越高，生态系统越安全。该方法的优点是操作简单，易于理解，但存在两个明显的缺陷：一是所有人工生态系统都会被判定为不安全或安全度低；二是在人类活动规模和活动强度空前的今天，要找到一个"纯天然"或"未受干扰"的参照系显然非常困难甚至完全不可能。

（2）部门产出法

该方法的核心是根据部门产出率（产品和服务）与生态系统安全度的相关性来测定生态安全，是一种间接度量生态安全的方法。一般来讲，产出水平与生态系统联系紧密的部门（如农业、畜牧业、渔业等），其产出率与生态系统的安全度呈正相关关系。这种方法的缺陷是：一是人们在度量部门产出率时，往往仅仅关注直接的产出成果而忽视了产出本身对生态系统的其他潜在或显在的外部负效应（如生物多样性减少、土壤流失、环境质量退化等）；二是产出率下降肯定说明生态系统的安全度降低，但产出率提高则未必一定说明生态系统的安全度相应提高，因为我们可以通过某些技术手段来提高产出率，但却可能因此失去其他一些更为重要甚至不可逆的产品和服务。生态安全评价必须满足相互冲突的多个目标，并考虑生态环境问题之间错综复杂的关系，所以用部门产出法来评价生态安全显然只具有部分可用性。

（3）最优化综合评价法

最优化综合评价法的基本思想是实现多目标组合的最优化，据此判定生态系统的安全状态。目标设定既包括生态系统的直接生产能力和间接生产能力，也包括生态系统在提供产品和服务时系统间的相互影响进程。该方法克服了部门产出法的缺陷，提供了考察生态系统内在联系的框架，既关注生态系统的直接生产能力，同时也不放弃生态系统增加综合效益的机会；能够把那些不能通过市场价值体现的产品和服务纳入一个统一的框架进行评价和度量；拓宽了传统的生态系统的管理边界，强调系统性，意识到了生态系统功能具有整体性，因而必须进行整体评价、整体管理而不是分别评价和分而治之；拓宽了生态系统评价和生态系统管理的时间尺度和空间尺度；能够整合社会、经济和环境等多方面的信息，因而能将人类需求与生态系统的生物能力紧密地联系起来；把生态系统提供产品和服务的过程视为一个安全生态系统的自然过程而不是作为生态系统自身的终结，重视生态系统的生产潜力，因而维护了未来世代人的发展机会和权利。

（4）千年生态系统评价法

千年生态系统评价作为一个大型国际合作项目，目的在于描述并评价人类所居住的这个星球的健康状况。千年生态系统评价包括三个部分的内容：①全球部分。目的在于为未来的评价建立一个基线，建立综合的生态系统评价的方法，提高公众对生态系统产品和服务重要性的认识；②区域、国家和地方部分。目的在于帮助促进更加广泛的使用综合评价方法，帮助发展这种评价所需的方法和模拟工具，直接提供作用于区域管理和决策的信息；③能力建设。目的在于使 MEA 开发出来的信息、方法和模拟工具能够在全世界的国家和国家以下各级的评价进程中发挥作用。

从上述生态环境安全评价方法我们可以看出，比较法和部门产出法虽然操作简单、灵活，但适用范围较小且具有片面性；千年生态系统评价法虽然范围较大，但存在着成本高和可操作性差的缺陷。就甘南州的实际情况而言，我们主张采用最优化综合评价法对甘南州的生态环境安全进行全面综合的评价，注重考察甘南州生态系统的内在联系，把生态系统的直接生产能力同生态系统增加的综合效益联系起来，强调生态系统的系统性和功能的整体性，整合甘南州社会、经济和环境等多方面的信息构建完善的生态环境安全评价制度。

（二）完善甘南州生态环境安全评价制度的建议

由于生态环境安全评价具有较强的技术性，具体评价方法的实施和操作需要大量的自然科学技术为基础，因此，本文重点从人文社会科学角度提出完善甘南州生态环境安全评价制度的几点建议：

1. 建立专家咨询、部门联合的综合评价机制

建议在甘南州成立一个以环境保护部门为主导，大专院校、科研院所、环保、林业、气象、水利、规划等部门的专家为成员的专家评审委员会，建立甘南州生态环境安全综合评价的指标体系，确定甘南州生态环境安全评价方法，以便对甘南州生态环境安全状况进行科学评价，将水、大气、森林、矿产、动植物物种等作为评价内容，综合分析甘南州人类活动

对生态系统的干扰以及生态系统对人类活动干扰的响应,科学、系统、准确地反映甘南州生态环境安全的客观情况,揭示甘南州区域生态环境存在的主要问题,为甘南州区域生态保护和可持续发展提供决策建议。

2. 建立生态建设信息共享机制

结合生态建设和生态安全评价的需要,甘南州应当尽快搭建以环境保护、林业、土地、草原、气象、水利等相关行业管理部门为主导的甘南州生态环境安全信息资源共享平台,建设甘南州生态环境安全信息中心,为科学决策和生态评价研究提供信息基础。同时,应当积极促进相关部门之间实现信息资源共享,加强相互之间的信息交流和信息沟通,提高信息资源的利用率。

3. 建立资金投入保障机制

生态环境安全评价制度的建立是一件事关全局和生态安全长远发展需要的工作,因此在资金投入上政府应当重点予以保障,从而切实加强生态安全评价工作相关的信息、科研、监控队伍等基础能力建设。同时,为进一步加大对甘南州生态环境安全工作的支持,建议将生态环境安全评价制度的资金投入列入相关财政预算。

二　完善生态环境安全规划制度

(一)　生态环境安全规划制度

环境科学的研究成果表明,处于一定时空范围内的生态系统,都有其特定的能量流和物质流规律。只有顺从并利用这些自然规律来改造自然,人们才能持续地取得丰富而又合乎要求的资源来发展生产,并保持洁净、优美和宁静的生活环境。

生态环境安全规划,是指在编制国家或地区的发展规划时,不只单纯考虑经济因素,而是把它与地球物理因素、生态因素和社会因素等紧密结合在一起进行考虑,使国家和地区的发展能顺应环境条件,不致使当地的生态平衡遭受重大破坏。生态环境安全规划是国民经济和社会发展的有机组成部分,是环境决策在时间、空间上的具体安排,是规划管理者对一定时期内环境保护目标和措施所作出的具体规定。其目的是在发展经济的同时保护环境，使经济与社会协调发展。在人与环境系统中，人类活动可以带来经济效益、社会效益和环境效益，同时也可能带来这三者的损失。这些效益和损失可以用一个标准（比如货币）来衡量，并规定效益为正、损失为负。因此，在保证环境目标（环境质量）不超过环境容量的前提下，使所有效益和损失的总和为最大，这就是生态环境安全规划原理。目前所进行的生态环境安全规划主要以经济损失（环境投资）最小或经济效益最大或满足环境标准为目标。①

历史实践证明，甘南州改造自然的活动中往往只求获得某项成果，而不考虑是否违反生态规律，以致造成了一系列不利于发展生产又影响社会生活的结果。我们应总结过去的经验教训，渐渐意识到必须要有生态系统的整体观念，充分考察各项活动对环境可能产生的影响，并决定对该项活动应该采取的对策，以防患于未然。因此，我们应当重视生态系统研究在甘南州生态环境安全中的作用，生态环境安全规划制度正是为了实现生态系统平衡而需要推行的一项重要制度。

（二）生态环境安全规划制度的作用

1. 生态环境安全规划制度是实施环境保护战略的重要手段

协调生态环境与经济发展的关系，首要任务是要保护生态环境与资源。对此，国家有关生态环境保护战略中已包含了生态环境安全规划制度的构建。然而，生态环境保护战略只是提出了方向性、指导性的原则、方针、政策、目标和任务等，要把生态环境保护工作落到实处，则需要通过生态环境安全规划制度来具体贯彻生态环境保护的战略方针和政策，完成生态环境保护的任务。

2. 生态环境安全规划制度是协调经济社会发展与生态环境保护的基本要求

联合国环境规划会议在总结世界各国经验教训的基础上，提出了可持

―――――――――

① 时军：《环境规划法律制度在生态城市建设中的作用》，载《山西省政法管理干部学院学报》2006 年第 6 期。

续发展战略，该战略思想的基本点是：生态环境问题必须与经济社会问题一起考虑，并在经济社会发展中求得解决，使经济社会与环境保护协调发展。我国刚结束不久的十七大上也提出，要深入贯彻落实科学发展观。深入贯彻科学发展观的要求之一便是构建完善的生态环境安全规划制度，坚持全面、协调、可持续发展。

3. 生态环境安全规划制度是实施有效的生态环境管理活动的基本依据

生态环境安全规划制度是对于一个区域在一定时期内的生态环境保护进行总体设计和实施方案的制度。它给各级生态环境保护部门提出了明确的方向和工作任务，使得生态环境保护的方针、政策能得到具体的贯彻落实，因而它在生态环境管理活动中占有较为重要的地位。

4. 生态环境安全规划制度是改善生态环境质量、防止生态环境破坏的重要措施

生态环境安全规划要在一个区域范围内进行全面规划、合理布局以及采取有效措施预防产生新的生态环境破坏，同时又有计划、有步骤、有重点地解决一些历史遗留的生态环境问题，还要改善区域生态环境质量和恢复自然生态环境的良性循环。通过这些规划及其他管理手段，采取防范性措施，防止生态环境损害的发生，集中体现了我国生态环境保护中"预防为主"的方针。①

正因为生态环境安全规划制度有着如此重要的作用，《中华人民共和国环境保护法》对此也作出了一些重要的规定。其第 4 条规定："国家制定的环境保护规划必须纳入国民经济和社会发展计划，国家采取有利于环境保护的经济、技术政策和措施，使环境保护工作同经济建设和社会发展相协调。"其第 12 条规定："县级以上人民政府环境保护行政主管部门，应当会同有关部门对管辖范围内的环境状况进行调查和评价，拟订环境保

---

① 时军：《环境规划法律制度在生态城市建设中的作用》，载《山西省政法管理干部学院学报》2006 年第 6 期。

护规划，经计划部门综合平衡后，报同级人民政府批准实施。"该法要求政府"制定城市规划，应当确定保护和改善环境的目标和任务"，还规定"城乡建设应当结合当地自然环境的特点，保护植被、水域和自然景观，加强城市园林、绿地和风景名胜区的建设"。将生态环境安全规划写入环境保护法中，为制定生态环境安全规划提供了法律依据。生态环境安全规划法律制度的主要目标是保障生态环境安全规划的各项任务落到实处，对于生态环境安全规划的原理、原则与作用等进行法律规范。

（三）完善甘南州生态环境安全规划制度的设想

完善甘南州生态环境安全规划制度就是要对甘南州在一定时期内的生态环境保护进行总体设计并明确具体的实施方案。透过该制度的完善，甘南各级生态环境保护部门能进一步贯彻落实有关生态环境保护的方针、政策，明晰不同行政管理部门的自我职责。鉴于甘南州的产业结构、居民的生产生活习俗、经济发展需求和生态环境保护工作的矛盾等具体因素，甘肃省国土资源规划、城市规划、环保、矿物资源等部门应当会同甘南州的土地规划、环保、城市规划、林业、农业、工业、矿务等部门，共同制定甘南州的国土利用规划、区域规划、城市规划、生态环境安全规划，从而使甘南的经济发展与土地资源利用、城市功能结构发展、矿物资源开采、生态旅游发展、物种多样性保护、草原森林资源利用得以协调发展。此外，在甘南州生态环境安全规划编制阶段，各个部门要对规划实施后可能造成的环境影响进行分析、预测和评价，提出预防或减轻不良环境影响的对策和措施，并进行跟踪监测。甘肃省相关部门与甘南州相关部门在完善生态环境安全规划制度的实施过程中，要与生态环境影响评价制度相结合。

我国的环境保护制度只是对生态环境安全规划的原理、原则进行了规定，要落实到具体的甘南州生态环境安全规划制度，需要从以下几方面做起：

1. 甘南州政府应当在充分调查研究的基础上，对甘南州的工业和农牧业、生产和生活、经济发展与生态环境保护等各方面的关系作全盘的考虑，进而制定甘南州的国土利用规划、区域规划、城市规划、生态环境安全规划，使得各项事业得以协调发展。在城市规划中，要进行合理的功能区划分，注重生态城市的建设。在制定区域、城市和生态环境规划时，应该根据甘南州的自然条件、经济条件，制定出一种既能有利于经济和社会发展，又能维持区域生态系统平衡、保持生态环境质量的最佳总体规划方案，这便从宏观上贯彻了以预防为主的生态环境安全规划制度。

2. 甘南州政府应当注重当地生产的合理布局。可以说，环境污染和生态破坏同生产的不合理布局有着重要的内在联系。其中，工业生产布局同环境污染有着直接的关系，农业生产和资源开发的布局同自然环境的破坏也有着直接的关系。如农、牧、渔、采掘业及部分化工工业部门直接以自然资源作为劳动对象，它们的布局直接受到自然条件的制约和影响，并对生态环境和资源产生一定的损害和消耗。而以这类部门生产的产品作为原料和燃料的加工生产部门，对自然环境的依赖性虽然不大，但是大都在生产过程中不同程度地排放各种废弃物而对环境产生污染。这两类生产部门在地区上的分布，又直接影响居民点的分布和规模，从而决定着城镇的布局、人口密度的分布以及交通、文化设施的分布。因此，物质资料生产部门的合理布局十分关键。甘南州合理的生产布局，尤其是工业布局应该做到：（1）适当利用自然环境的自净能力；（2）加强资源和能源的综合利用；（3）大型项目的分布与选址，尽可能减少对周围环境的不良影响；（4）严禁污染型工业建设在居民稠密区、城市上风区、水源保护区、名胜古迹和风景游览区、自然保护区。只有这样，才能大大减少工业对甘南州生态环境的污染和损害。[①]

3. 甘南州政府应当将生态环境安全规划制度与生态环境影响评价制度结合起来实施。在甘南州生态环境安全规划的编制阶段，对规划实施后可能造成的环境影响进行分析、预测和评价，提出预防或减轻不良环境影响的对策和措施，并进行跟踪监测。通过对甘南州政府的战略决策行为以

---

① 金瑞林：《环境与资源保护法学》，高等教育出版社 1999 年版，第 221 页。

及可供选择方案的环境影响进行系统和综合性的评价，为行政部门制定和实施政策、生态环境安全规划等提供环境信息上的支持，以避免或尽可能降低由于决策失误带来的不良环境影响。这样才可能真正落实生态环境安全规划制度，促进社会经济环境系统的可持续发展。

三　建立完整的生态环境监测体系

生态环境监测，又称生态监测，是环境生态建设的技术保证和支持体系。美国环保局 Hirsch 把生态环境监测解释为自然生态系统的变化及其原因的监测，内容主要是人类活动对自然生态结构和功能的影响和改变。我国有学者认为，生态监测是运用可比的方法，在时间和空间上对特定区域范围内生态系统或生态系统组合的类型、结构和功能及其组合要素等进行系统的测定和观察的过程，监测的结果则用于评价和预测人类活动对生态系统的影响，为合理利用资源、改善生态环境和自然保护提供决策依据。[①] 也有学者认为，生态环境监测是人类对某一地区因气候波动、人类活动及其他因素引发的生态环境变化，采取地面调查与遥感技术相结合的方法手段，就人类所关心的，可以反映生态环境变化的某些指标进行综合的、定期的和持续的观测研究，并通过建立模型对发展变化趋势作出定量预测，定期向政府与通过媒体向公众提交生态环境状况和发展趋势的统计结果与解释性报告的活动。[②] 与环境监测不同，生态监测是指预先制订计划和用可比的方法，在一定区域范围内对各生态系统变化情况以及每个生态系统内一个或多个环境要素或指标进行连续观测的过程，其最终目的是能够获得反映生态环境质量的现状和变化趋势的具有代表性和可比性的数据和信息，为保护生态环境、合理利用自然资源和实施可持续发展战略提供科学依据。

---

① 孙天华、刘晓茹、傅桦：《浅评我国生态环境监测现状》，载《首都师范大学学报（自然科学版）》2006 年第 3 期。

② 张文海、张树礼：《内蒙古生态环境监测指标体系与评价方法研究初探》，载《内蒙古环境保护》2004 年第 3 期。

随着人们对环境问题及其规律认识的不断深化，环境问题不再局限于排污引发的健康问题，而且包括自然环境的保护、生态平衡和可持续发展的资源问题。诸如水土流失、洪水泛滥、土壤沙化荒漠化、沙尘暴、酸雨等，使得原本脆弱的生态环境更加恶化。原有的环境监测往往都是单纯的理化指标和生物指标的检测，强调局部剖析，只对大气、水、土壤等中的化学毒物或有害物理因子进行测定，存在很大的局限性。生态环境监测则强调整体总和，对人类活动造成的生态破坏和影响进行测定，是对传统环境监测不足的弥补。诚然，生态环境监测有自身的优势，但生态监测本身亦具有很大的复杂性，这使得生态环境监测体系呈现出自己的特性。

（一）生态环境监测指标体系

生态环境监测指标是能够用来定量地反映生态系统状况和各种生态条件的一系列环境特征的检测项目和参数。它能从一个或几个侧面反映生态环境质量状况，并具有时空可比性。建立科学的生态环境监测指标是生态监测的基础。生态系统是一个包含了自然、生物和人类社会的复合系统，要在复杂的系统中形成统一、简便的指标体系。由于生态环境质量变化极其复杂，要在这其中选择本质的、有代表性的指标进行评价就必须保持指标的简便性。在指标体系的建立上，做到兼顾自然、生物和人类社会三个系统，体现综合性原则。此外，为使不同监测站台间同种生态类型的监测有可比性，也应该具有统一的指标体系。

（二）生态环境监测的方法

目前，用于生态环境监测的方法主要为地面现场调查、低空的航空照片判读和外层空间的卫星资料解析。地面现场调查监测就是采取常规和传统的检测方法，建立覆盖全区范围的监测系统进行监测，它主要是通过人工地面观察、测量和定位监测以及实验室分析测定的方法进行监测，及时反映区域生态环境质量状况，同时配合遥感监测，核实遥感监测数据的准确性。低空的航空照片判读和外层空间的卫星资料解析的遥感监测是利用航空和卫星监测设备，在不直接接触被研究的对象的情况下，获得它们的数据，并通过图像解译处理，经过计算机综合分析空间数据，应用 GIS 地理信息系统软件，最后提取和应用其研究对象信息的技术。它的特点是范围大、机动灵活、测量精度高、速度快、资料获取容易，能够及时反映生态环境的变化状况。

　　生态环境监测方法的选择，归根结底是仪器设备的选用过程，用什么类型、什么型号的仪器设备来实现生态监测目的，取得生态监测数据，这是生态监测的关键内容。目前，国家采用的生态监测仪器属大型监测设备，主要是"3S"技术，具体为遥感技术（RS）、地面信息系统（GIS）、全球定位系统（GPS）。[①] 它可以定性、定量、可视化地及时提供各种地学信息，包括生态环境宏观、中观信息。遥感包括卫星遥感和航空遥感，它可以提供土地利用与土地覆盖信息、生物量信息、大气环流及大气沙尘暴信息、气象信息。利用遥感技术，观测范围广、获取信息量大、速度快、实时性好、动态性强，可以节约大量的人力、物力、资金和时间，以较少的投入获取常规方法下难以获得的资料。地理信息系统是将各类信息数据进行集中存储、统一管理、全方位空间分析的计算机系统。该技术可以将遥感、全球定位系统数据外加上多种地面调查数据按各种生态模型，测算各种生态植树、测报统计沙尘暴的发生、发展走向以及危害覆盖区域。全球定位系统是利用便携式接收机与均匀分布在空中的卫星进行无线电测距而对地面三位定位的测试技术。它可用于实时定位，为遥感实况数据提供空间坐标，用于建立实况环境数据库及同时对遥感环境数据发挥校正、校核的作用。

　　（三）建立甘南州生态环境监测的基本设想

　　实践中，针对甘南州生态环境监测中的诸多不足，我们应进一步完善如下工作：

　　1. 建立完整的生态环境监测信息库和生态环境监测网

　　丰富的生态环境监测信息指标数据是对生态环境质量现状与生态环境

[①]　黄国宝：《生态环境监测的重要技术手段——"3S"简介》，载《福建环境》2003 年第5 期。

风险进行评价的客观依据。为掌握大量的甘南州生态环境监测观测数据、实验室分析数据、统计数据、文字数据、地图数据、图像数据等，必须建立完整的生态环境监测信息库。计算机和"3S"技术的推广正好为生态环境监测信息管理实现动态化和宏观化提供了技术支持，有利于建立管理有序、技术规范和信息共享的生态环境监测信息网络。虽然生态环境监测引起了社会各界的广泛关注，但是甘南州还没有建立生态环境监测网的成功经验，为配合生态环境监测信息库效用的发挥，需要逐步实现与典型生态监测网和常规生态监测网相配套的网络化监测体系。

2. 完善生态环境监测技术

生态环境监测的技术性要求很高，面对日新月异的高新技术，在甘南州的生态环境监测工作中，必须时刻挖掘新技术对生态环境监测的可用性；同时，也应就生态环境监测的技术性要求进行有针对性的创新，及时将新技术运用到生态监测中。在以往的甘南州生态监测中，多注重现状研究和定性，而且监测领域有限，在现有的"3S"技术支持下，甘南州应当建立生态环境动态监测模型，适时地总结成熟的方法，逐步实现有效可行的生态监测方法。

3. 编写甘南州生态与环境监测公报

甘南州的生态与环境监测系统是一个跨地区、跨部门、多学科、多层次的监测网络。该监测网络还必须在国家利益至上、各部门的行政隶属关系不变的前提下，协作开展工作。甘南州环境监测总站应该负责收集、存储、处理和利用监测网络的监测数据，并负责编写甘南州生态与环境监测公报，然后由甘肃省主管部门及时、准确地向全省、全国公布甘南州的生态与环境的变化情况，从而确保各部门及时准确地了解监测网络工作进展情况和甘南州所发生的重大事件，为决策部门提供技术支持。为确保监测数据真实可靠、确凿充分，要充分利用已有的"3S"技术，在不同区位分设监测点，派专业人员监管。

4. 加强生态环境监测技术的合作与交流

受地域特征的影响，不同空间和时间范围内的生态环境监测数据和信息存在差异性。数据和信息获得所依靠的技术或方法也存有差异。为加速生态环境建设工作的进行，甘南州应该定期开展技术讲座和学术交流，达到相互取长补短、彼此促进，使生态环境监测落实到实处。

四 实行自然资源的规划和综合利用制度

甘南州位于甘肃省西南部的甘、青、川三省交会地带，历史上是中原地区通往青藏及川北的交通要道。全州牧区、林区、农区并存，雪域、林海、"南国"同在，有"一日走四季、十里不同天"之说。畜牧、水电、矿产、旅游、藏药及山野珍品是甘南州的五大特色优势资源。[①] 可以说，甘南州的自然资源十分丰富。50 年来，当地的各族干部群众抓住甘南州的自然资源优势，大力发展经济，使当地人民的生活水平日益提高。然而，当地在开发利用自然资源的过程中，不注重对自然资源的规划和综合利用，导致了自然资源的过度、盲目开发及严重浪费、破坏，还污染了环境，造成了一系列严重的后果，极端不利于当地经济的可持续发展。因此，为了使甘南州实现真正的科学发展，应在当地推行自然资源的规划和综合利用行政管理制度。

（一）甘南州自然资源规划制度

自然资源规划制度，是指根据一个国家或地区自然资源本身的特点以及国民经济发展的要求，在一定规划期内对管辖区域内各类自然资源的开发、利用、保护、恢复和管理所作的总体安排。其目的是为了从宏观上解决自然资源开发利用与生态保护、当前利益与长期持续发展的矛盾以及资源分配问题，以保证用最佳的结构和形式开发利用资源，促进经济社会的可持续发展。经国家批准的自然资源规划是进行资源开发利用的基本依据，是保障资源可持续利用的重要措施。可见，自然资源规划对自然资源的开发利用起到了重要作用。不同种类的自然资源规划，其内容是各不相同的。但通常都要包括规划的现实基础、规划所要达到的总目标和分期、

---

① 陈建华、沙拜次力：《发挥资源优势加快甘南发展》，载《发展论坛》2004 年第 1 期。

分类目标及分项指标、为实现目标而要采取的主要政策和措施等。有些自然资源规划又分为不同种类的规划。例如，水规划分为综合规划和专业规划，林业规划分为林业长远规划和森林经营方案等。①

在实践中，对甘南州自然资源进行规划时，应当区分畜牧、水电、矿产、旅游、藏药及山野珍品等各种自然资源，结合资源本身的特点和当地的实际情况，借鉴先进地区的自然资源规划理念和模式，按照不同的规划要求认真编制不同的自然资源规划。

具体来讲，甘南州自然资源规划应当按照以下程序制定：

1. 起草甘南州自然资源规划草案

甘南州自然资源规划的制定应当先由各自然资源主管部门根据自然资源现状，征求有关部门、单位、专家意见，会同其他有关部门起草自然资源规划草案。

2. 甘南州自然资源规划的论证

由于甘南州是少数民族聚居区，在制定自然资源规划时应该更加体现少数民族的自治权，要进一步赋予少数民族参与规划制定的各项权利，以保证制定出的自然资源规划真正体现当地少数民族的利益；各自然资源部门在起草自然资源规划草案后，应当充分调查研究、以听证会或走访等形式广泛征集少数民族群众的意见，最后形成自然资源规划草案文本。

3. 甘南州自然资源规划的批准实施

甘南州自然资源规划必须报本级人民代表大会批准后方能实施。自然资源规划一经法定程序批准后，即具有了法律效力，有关部门、单位必须贯彻实施。如果因为情况的变化需要修改规划，必须经过原批准规划机构的批准。②

（二）自然资源综合利用制度

自然资源的综合利用制度，是指把物质生产过程和消费过程中排放的各

---

① 金瑞林：《环境与资源保护法学》，高等教育出版社1999年版，第312页。
② 同上。

种"废弃物"最大限度的利用起来，做到物尽其用，以便使整个社会生产和消费的排泄物减少到最低限度，从而取得最好的经济效益和环境效益。①

　　当今社会，随着工业和城市的发展，对资源的需求激增，生产和生活废弃物的排放量也在惊人地增加。在资源日益匮乏，环境污染日益严重的情况下，如何保存资源、发展生产、保护环境已成为一个重大的课题。解决的办法只能是大力提倡最优的生产方式，重视废弃物的回收、利用和处理，大力发展综合利用、循环利用的新技术，这将成为我国自然资源利用的一大趋势。

　　从甘南州的实际情况出发，建立甘南州自然资源综合利用制度应当从以下方面进行：

　　1. 鼓励甘南州企业积极开展自然资源综合利用。实行一业为主，多种经营，改革生产工艺、执行治理污染和开展综合利用相结合的方针，尽力把"三废"消灭在生产过程中。

　　2. 鼓励企业对甘南州境内的矿山、森林、草场等重要自然资源的综合开发利用，鼓励综合利用自然资源的企业优先发展。如在矿产资源的勘探和开发中，执行"综合勘探、综合评价、综合开采、综合利用"的方针。

　　3. 制定利用"三废"的办法。要求甘南州企业把自己排放的、不能利用的"三废"，免费供应给其他单位利用，不得收费或变相收费，相关部门予以监督检查。

　　4. 实行自然资源综合利用"谁投资，谁受益"的原则。甘南州企业自筹资金建设的自然资源综合利用项目，获益归企业所有；制定《自然资源综合利用目录》，企业生产该目录范围内的产品，减免产品税；具备独立核算条件的车间、分厂，综合利用产品要独立计算盈亏，在投产 5 年内免交所得税和调节税。

　　5. 实行企业自然资源综合利用项目的资金支持。对于自然资源综合利用产生的社会效益大而企业不受益的项目，应纳入计划，予以财政资金

---

① 　金瑞林：《环境与资源保护法学》，高等教育出版社 1999 年版，第 312 页。

扶持；银行业可予贷款扶持，还款期限可延长。

6. 设立自然资源综合利用奖。奖励对自然资源综合利用有贡献的单位和个人，真正把"谁投资、谁受益"的原则贯彻到底。[①]

第三节 与生态环境安全有关的法律制度完善建议

一 建立生态环境安全税收法律制度

（一）生态环境安全税收

早在 1932 年，庇古就提出了应当对环境有害的产品征税，即所谓的庇古税。此后，很多国家陆续开征有关环境保护方面的税收。尤其是 20 世纪 90 年代绿色文明的兴起，环境保护开始成为一个国家文明程度的象征，生态税收在增强环境保护意识、促进环境保护技术发展方面起了重要作用，被誉为"绿色税收"。纵观世界各国在环境保护方面所制定的税收制度，主要包括两方面：第一，开征新的环境税。许多国家针对生产经营中排放的废弃物征收了大气污染和水污染方面的税，主要有：二氧化硫税、二氧化碳税、水污染税。还有润滑油税、旧轮胎税、固体废物税、垃圾税、噪声税等。第二，调整现有税制。许多国家对原有税制进行"绿化"调整，主要包括取消原有税制中不符合环保要求、不利于可持续发展的规定和对原有税种采取新的有利于环保的税收措施。从调整的税种看，比较突出的是消费税、所得税和机动车税。[②]

我国有关生态环境税收方面的研究起步比较晚，现行的税收法律制度在保护生态环境安全方面也存在诸多问题：

---

① 金瑞林：《环境与资源保护法学》，高等教育出版社 1999 年版，第 312 页。

② 罗奕丹：《促进可持续发展的税收法律制度研究》，中国优秀硕士学位论文全文数据库，http：//www. cnki. net/kcms/deatil/detail. aspx？dbcode ＝ CMFD&QueryID ＝ 2&CurRec ＝ 1&dbname ＝ CMFD9908&filename ＝ 2005118339. nh&uid ＝ WEEvREdiSUtucEIBV1VFQ2MzNm14QmNOTONnYXYrbz0 ，2007 年 12 月 6 日。

1. 我国现行税收中有关环境保护的规定对环境保护的调节力度不够。例如，在资源税方面，征税的范围主要有原油、天然气、煤炭、其他非金属矿原矿、黑色金属矿原矿、有色金属矿原矿和盐 7 种，而且税率各不同。但总体上，税率都过低、征税的范围也过窄、计税的依据也不合理。

2. 我国现行的税制中缺少以环境保护为目的的专门税种。我国现行税种中只规定了一些临时性、阶段性、辅助性的环保税收措施，但除资源税外，都没有有关环境问题的独立税种。

3. 目前的收费政策不合理，不能很好地解决环境问题。现行的征收排污费制度是一种超标排污收费制度，在实践中虽然起到了一定的作用，但还是存在收费标准低、收费项目不全、收费缺乏法律约束力、排污费返还使用和管理不合理的问题。

（二）生态环境安全税收法律制度的完善

1. 完善相关的环境税种

（1）改革和完善资源税

资源税对自然资源可持续利用有着直接影响，因而在新一轮税制改革中应进一步增强资源税的生态环境保护功能。

第一，拓宽资源税的课征范围。现行资源税课征范围过窄，与可持续发展战略不相适应。从资源节约与环境保护角度看，应将那些必须加以保护开发和利用的资源列入课征范围。从世界各国资源税的征收情况看，资源税税目可涉及矿藏资源、土地资源、水资源、草场资源、海洋资源、地热资源、动植物资源等，我国资源税应尽可能包括所有应予保护的资源。待条件成熟后，再对其他资源课征资源税，并逐步提高税率，加大各档之间的差距。对不可再生、不可替代的资源课以重税，使资源税真正起到保护环境的作用。

第二，完善计税依据。在确定资源税计税依据时，应将级差收益、资源节约、区域生态环境恢复成本加以综合考虑。可先将目前的按应税资源产品销售量计税改为按实际产量计税，以抑制对资源的过度利用；在对资源开发造成生态环境破坏和经济损失评估的基础上，依据破坏和经济损失的程度，按利用或消耗的资源储备，区分不同的资源类型课征资源税，对于稀缺性资源要课以重税。以利用或消耗的资源储备作为计税依据，不仅有利于提高资源的利用效率，而且能够为区域生态环境的恢复筹措必要的资金。只有这样，也才能达到用法律经济手段约束资源开采者的目的，减少资源的浪费。

第三，将土地税种并入资源税。我国现行税制中对土地课征的各税种相对独立、各成体系，不仅计算复杂，而且减免过度、税率偏低，不利于土地资源的合理配置。鉴于土地属于资源性质，因而建议将对土地课征的税种并入资源税，同时扩大对土地的课征范围，适当提高税率，严格减免措施，以加强对土地资源的合理利用和耕地的保护。

（2）调整消费税

消费税能起到限制污染鼓励环保的作用。从世界范围看，消费税的课征范围有两种：一种是广泛课征于消费领域，既包括对生活消费资料的课征，也包括对生产消费资料的课征；另一种是选择部分消费品课征，通常是少数需要限制消费的生活消费品。我国消费税显然属于后者。2006年3月21日，财政部、国家税务总局联合发出通知，对我国消费税的税目、税率进行了自1994年以来的一次最大规模的调整，新增了高尔夫球及球具、高档手表、游艇、木制一次性筷子、实木地板等税目，增列了成品油税目，取消了护发护肤品税目，这对于促进环境保护和资源节约，更好地引导有关产品的生产、消费具有重要意义。然而，此次消费税调整的美中不足是"抓小放大"。就一次性筷子的税率来看，5%的税率分配到一双价值两分钱的筷子上，也不过一厘，因此，对一次性筷子征收消费税的象征意义大于实际意义。如果将高档家具纳入课征范围，对于我们这样一个人均森林面积不到世界平均水平的1/4，年家具工业产值2000亿元和出口额70亿美元（2003年数据）的国家来说，更能够培养和提高人们的节约意识。因此，在今后的税制改革中，应进一步调整消费税的课征范围，同时应当引入和加大消费税的环境保护功能：

第一，扩大消费税的课征范围。将煤炭、电池、一次性塑料袋、不可回收的包装材料以及会对臭氧层造成破坏的氟利昂产品列入消费税的征收范围，对豪华住宅、高档家具、家电等奢侈消费品和高档消费行为征收较高的消费税。

第二，继续调整部分税目的税率。调整后的税率，应能够明显反映应税消费品对生态环境的影响。比如汽车消费税，应改变单一的计税依据（排气量），可以按照汽车排气量和排放指标（如欧 II、欧 III 标准）为依据设定高低差别较大的差别税率，对汽车消费税的税率结构作进一步调整。

2. 开征新的环境保护税

环境税是国家为了保护环境与资源而凭借其政治权力对一切开发、利用自然资源的行为或污染、破坏环境资源的行为征收的一种税种。根据工业化国家环境保护的经验，开征环境保护税有利于国家对开发、利用、破坏、污染环境资源的行为进行有效的管理，增强政府宏观调控的能力。排污收费制度是对排污超标的一项惩罚性措施，与积极的保护和治理相比不过是一种消极的政策手段而已。在我国环境污染形势日趋严峻、环保资金缺乏的情况下，应积极借鉴国际经验，对各种有关环境污染的收费项目进行整合，开征环境保护税。在税目的选择上，凡是直接污染环境的行为和能够造成环境污染的产品均应纳入课征范围。考虑到可操作性以及征收成本等因素，我国环境保护税的具体税目应有：

（1）大气污染税。主要包括二氧化硫税和二氧化碳税，可以根据燃料中的含硫量和含碳量换算为排放量，再设定税率标准。

（2）水污染税。是对向地表水及净化工厂直接或间接排放废弃物、污染物和有毒物质的单位和个人征收的一种税，应在现行的水资源费率的基础上，根据各地区水资源的稀缺性和水污染程度确定差别幅度税率。

（3）固体废弃物税。主要以企事业单位和个人排放的各种固体废弃物作为课税对象。可先对工业废弃物课税，然后逐步覆盖农业废弃物和生活废弃物，以废弃物排放量为计税依据，实行从量课征。在设计税率时，根据废弃物的类别以及不同的处理方式（如重复利用、焚化、掩埋等）

加以区别对待。

对于噪声类、放射类环境污染，考虑到征收的技术难度和成本，目前还是继续沿用收费制度为宜。通过课征环境保护税取得的收入，应当形成生态恢复的专用基金，由财政部门编制专门预算，由审计部门对资金使用情况进行跟踪审计。

3. 合理运用税式支出政策

首先，应根据不同情况采取多样化的税式支出方式，以强化针对环境产品和行为的税式支出。除了以"三废"为原料生产的产品可以享受免税外，对投资于环境治理与保护项目的企业实行投资抵免和再投资退税政策进行鼓励；对于企业购置治理污染的设备款可按一定比例在税前抵扣，企业环保性固定资产允许加速折旧；对环保产业实行税收优惠政策，给予环保产品生产企业以适当的税收减免补偿；要鼓励科研单位和企业研制防止污染的技术和设备，对开发的新技术转让收入，在一定时期给予减免营业税和所得税照顾。其次，减少或取消不符合环保要求的税收优惠政策。如，取消现行的为保护农业而对化肥、农膜、农药尤其是剧毒农药等的增值税低税率优惠；对于耗能多、污染严重行业的涉外企业，应当取消税收优惠。

二　实行自然资源的有偿使用法律制度

（一）自然资源有偿使用制度的内涵及意义

1. 自然资源有偿使用制度的内涵

自然资源是在一定经济和技术条件下，自然界中可以被人类利用的物质和能量。它是大自然馈赠给人类的礼物，一度被人类无偿使用。随着社会工业的进步和地球人口数量的增加，人均占有自然资源的量越来越贫乏，自然资源的稀缺性日益凸显。在经历了工业化运动后的现今时代，世界人口已经增长至65亿，劳动力相对过剩，支撑人类经济系统的生态系统承载力相对越发脆弱，自然资源成为了最稀缺的生产要素。为了从根本上提高自然资源的利用效率，由此产生了自然资源价值论。自然资源的价值，特别是不可再生资源的价值是确定的，且随着其存量的枯竭，价值会不断增多。存量不同的自然资源，价值亦不同。存量越少，价值量越大。对于那些恒定资源的价值量，不仅存量大，也无人支配，价值量也最低。

法律是实现自然资源价值、追逐效率的有效手段，而集中体现自然资源价值论的法律制度即为自然资源有偿使用制度，该制度是指法律规定的关于单位或者个人必须按照法律规定缴纳一定的费用，才能开发和利用自然资源的法律规范的总称，是自然资源价值在法律上的体现和确认。

2. 自然资源有偿使用制度的意义

（1）自然资源有偿使用制度有利于促进自然资源的合理开发和节约使用。

在我国，自然资源的所有权和使用权主体并不合一。使用权主体具有相当的广泛性，所有权则主要掌握在国家和集体这样缺乏人格的主体手中。为了避免经济学上假定的理性经济人逐利引发公共牧地悲剧的现象，可以通过自然资源有偿使用制度，要求使用者以支付一定的代价来获取一定的开发利用权，从而促使使用者珍惜和合理开发利用资源。

（2）自然资源有偿使用制度有利于为开发新的自然资源筹集资金，并恢复和保护自然资源。

根据我国现行的各单项自然资源法关于自然资源有偿使用制度的规定，资源费上缴后，一部分要专项用于开发利用新的自然资源和保护恢复自然资源，如土地有偿使用费，30%上缴中央财政，70%留给有关地方人民政府，二者都专项用于耕地开发。自然资源有偿使用制度减轻了国家开发和保护自然资源的财政负担，也体现了"谁受益谁补偿"的社会公平原则。

（3）自然资源有偿使用制度有利于保障自然资源的可持续利用，能促进社会的可持续发展。

自然资源有偿使用，在一定程度上可以减轻资源使用者对资源的破坏和浪费，并且资源使用费专项用于开发、保护、恢复自然资源，这一制度可以实现自然资源的可持续利用，符合可持续发展的理念。

（二）自然资源有偿使用制度的依据

在我国，大部分自然资源单行法律法规都规定了自然资源有偿使用制度。譬如：原《水法》虽然没有规定对水资源全面实行有偿使用制度，但对特定取水征收水资源费的问题已经作出了规定。原《水法》规定："对城市中直接从地下取水的单位，征收水资源费；其他直接从地下或者江河、湖泊取水的，可以由省、自治区、直辖市人民政府决定征收水资源费。"

目前，全国已有20多个省、自治区、直辖市颁布了征收水资源费的办法和标准。九届全国人大第四次会议通过批准的《国民经济和社会发展"九五"计划和2010年远景目标纲要》提出："要依法保护并合理开发土地、水、森林、草原、矿产和海洋资源，完善自然资源有偿使用制度和价格体系，逐步建立资源更新的经济补偿机制。"因此，新《水法》将水资源有偿使用制度作为国家又一项基本的水资源管理制度在总则中作了专门规定。此外，新《水法》为了健全完善我国的水资源权属法律制度，建立取水权法律规范，将实施取水许可和收取水资源费两项制度紧密相连，明确规定除家庭生活和零星散养、圈养畜禽饮用等少量取水的以外，直接从江河、湖泊或者地下取用水资源的单位和个人，应当按照国家取水许可制度和水资源有偿使用制度的规定，向水行政主管部门或者流域管理机构申请领取取水许可证，并缴纳水资源费，取得取水权。就是将取得取水许可证和缴纳水资源费作为取得取水权的前提条件。这就为进一步健全完善我国的水资源权属法律制度和取水许可、水资源有偿使用制度提供了法律依据，为在国家宏观调控下进一步运用市场机制配置水资源创立了法制基础。

（三）甘南州自然资源有偿使用的法律形式——自然资源税

1. 自然资源税

自然资源税是国家对我国境内从事开发利用的单位或个人，就其资源生产和开发条件的差异而形成的差异征税的一种税。是国家税务机关凭借行政权力，依法无偿取得财政收入的一种手段。[①] 自然资源的征税机关主要是国家税务机关，且征税所得最终都上缴国库，归国家所有。

我国的自然资源税是指对在我国境内开采应税矿产品和生产盐的单位

---

① 史学瀛：《环境法学》，清华大学出版社2006年版，第271页。

和个人，就其应税数量征收的一种税。

2. 完善甘南州自然资源税的建议

（1）扩大征税范围

自然资源是生产资料或生活资料的天然来源，它包括的范围很广，如矿产资源、土地资源、水资源、动植物资源等。目前甘南州的资源税征税范围较窄，仅选择了部分级差收入差异较大，资源较为普遍，易于征收管理的矿产品和盐列为征税范围。随着甘南州经济的发展，对自然资源的合理利用和有效保护将越来越重要，因此，资源税的征税范围应逐步扩大。

实践中，甘南州资源税的征税范围已经包括所有不可再生资源和部分存量已处于临界水平，再进一步消耗会严重影响其存量或其再生能力已经受到明显损害的资源，如矿产资源、水资源、森林资源、海洋资源、动植物资源等。但是，考虑到目前征收管理水平的不足，可以采取循序渐进的方法逐步扩大征税范围，当务之急是先将水资源纳入资源税的征税范围，待条件成熟之后，再对森林资源、草场资源、海洋资源等其他资源课征资源税。

（2）实行差别税额从量征收，完善自然资源税的计税依据

甘南州现行资源税实行从量定额征收，一方面税收收入不受产品价格、成本和利润变化的影响，能够稳定财政收入；另一方面有利于促进资源开采企业降低成本，提高经济效率。同时，自然资源税按照"资源条件好、收入多的多征；资源条件差、收入少的少征"的原则，根据矿产资源等级分别确定不同的税额，以有效地调节资源级差收入。

从理论上讲，作为自然资源税"从量计税"依据的"量"有储存量、生产量和销售量三种。现行自然资源税按应税资源产品的销售量或自用量作为计税依据明显不合理，因为自然资源被开发后，无论资源开采企业是否从资源开采中获得收益，自然资源都遭到破坏，对不可再生资源尤其如此。最理想的办法应当是按储存量计税，即按照开采应税资源的单位或个人实际消耗的可采储量作为计税依据。这种方法尽管符合自然资源税的立法精神，但其操作难度较大。目前，现实的选择是以甘南州应税资源的实

际产量为计税依据，而不必考虑该产量究竟是否用于销售或自用，这样能够从税收方面促使甘南州经济主体从自身经济利益出发，以销定产，尽可能减少产品的积压和损失，使有限的资源得到充分利用。

（3）科学制定自然资源税的单位税额

按照可持续发展理论，科学制定自然资源税的单位税额是完善自然资源税课征的难点和重点。甘南州自然资源税的单位税额，应当将资源税与环境成本以及资源的合理开发、养护、恢复等挂钩，在收取绝对地租和调节级差收益的基础上，根据资源的稀缺性、不可再生资源的替代品开发成本、可再生资源的再生成本、生态补偿的价值等因素，合理确定和调整资源税的单位税额。

三　建立完善的生态移民法律制度

（一）生态移民的现状

生态移民在环境领域是个新名词，源于美国科学家考尔斯，他最先将群落迁移的概念导入生态学，最初是指出于保护生态环境的目的而实施的移民，认为只有意识到继续在原地居住会对生态环境产生破坏，造成严重后果，才会产生生态移民。生态移民主要产生于非洲等贫穷国家，世界其他国家也有生态移民的历史。

我国的生态移民始于 20 世纪 90 年代。学术上的生态移民有两方面含义：一是指生态移民这一行为，即将生态环境脆弱地区分散的居民转移出来，使他们集中居住于新的村镇，以保护和恢复生态环境、促进经济发展的活动。二是指移民的主体，即那些在生态移民实践中被转移出来的农牧民。相对于传统移民而言，生态移民与其有很大的区别：

首先，移民的目的不同。传统移民一般是基于各种个人目的，通常是为了个人实现更好的发展而采取的个体移居行为，但生态移民则是因为居住环境恶化、生态脆弱，无法承担在当地继续生存发展的需要，为了保护和恢复生态并保障百姓的正常生活而采取的有组织有规模的整体迁居的行为。

其次，传统的移民行为通常是跨国操作，但生态移民基本是在本国范围内，大部分是在本省范围内实现。

另一个与生态移民经常混淆的概念是水库移民。水库移民是指因为需要在当地建造水库，蓄水后会导致地势低洼地带被水淹没，所以该地区的居民将有组织地被迁出该地的行为。它与生态移民的重要区别在于：

首先，前者是水电工程规划后产生的，是完全被动的移民。后者是为了扭转生态—贫困—人口恶性循环局面而主动采取的移民举措；

其次，前者绝大部分分布于山下的河谷等地带，所以水库移民是该地区最富裕的河谷地区的群体，后者多产生于生态最脆弱，生存条件最恶劣的地方，例如分布在山区或沙漠边缘；

最后，水库移民是"地毁人走"，并没有为当地生态恢复腾出空间，而生态移民则是"人走地留"，主要是为了恢复保护当地受破坏的生态环境。前者位于少数民族文化富集的河谷区域，属于保存特别重要的区域，借水库使其迁居非但不会减缓原来的人地矛盾，反而会加剧这个趋势，但后者的迁居则不但会保护环境同样可以改变居民的生活环境。①

（二）我国生态移民中存在的主要法律问题

生态移民是目前平衡生态保护与居民生活的比较有效的方法，许多国家都在不同程度的采用。就我国而言，在实施生态移民的过程中还存在着很多法律问题。突出的问题集中在以下几点：

1. 生态移民合法化问题

我国现行立法尚未规定移民问题，移民一般是采取自愿的原则，但是我国的生态移民通常是政府出面组织、以村为单位整体迁移的，很多情况下不顾及当事人的意愿，将民事关系转化成了行政关系，行政主体作出行政行为时由于角度单一，即使本意是有利于行政相对人的，也可能会损害其利益。鉴于现行法律没有关于强制移民的明确规定，政府代替移民选择的正当性便受到质疑。《北京青年报》2004 年 8 月 15 日报道，我国最后

① 郑易生：《为什么对怒江的水电开发决策要特别慎重》，载《新青年》2006 年第 1 期。

的狩猎民族——鄂温克人生态移民下山，一天后就返回了大山。报道中，葛剑雄教授认为"生态移民的目的是保护生态环境，所以主要的、唯一的标准就是被迁移者在原居住地是否已经造成了对生态环境的破坏。至于这些人的生活状况或者生产方式如何，不应该成为启动生态移民的主要原因。但是个人的主观意愿，包括民族、文化、宗教、社会、传统、心理等多方面的因素，在不影响他人，不破坏环境的前提下，有选择的自由"。①因此，关于生态移民的条件、生态移民的原则和方式有待于法律进一步规定。

2. 有关生态移民土地承包关系的法律问题

（1）农牧民与集体之间的土地承包关系。在移民前，农民承包耕地30年不变，牧民承包草地是30—50年不变。但在禁牧和恢复生态后，原承包土地上农牧民的收益无法体现出来。

（2）移民后的土地分配可能会出现不公平的情况。例如，移民原来居住地是水浇地，但移民后可能分到的仅是荒山荒地，这之间的差额却无法得到补偿。

（3）移出地的法律地位和利用方式。从最初的"生态移民"设计方案看，移出地的使用权仍属牧民所有，即30—50年不变。通过若干年的"围封禁牧"，待生态恢复后，牧民可迁回原迁出地。但在实施过程中，许多迁出地以生态建设为名，被诸多企业所占有。个别企业还改变原迁出地的利用方式，开垦种植经济作物，获取经济利益，造成企业转包移民户承包的土地而形成的经济法律关系模糊。②

3. 有关生态移民资金的法律问题

目前，我国的生态移民所需资金仍然是政府补助为主，个人投资为辅。由于现在生态移民的人数越来越多，政府能提供的资金相当有限，按西部地区的情况而言，一户家庭政府给予的资金基本是几千元（不计算

---

① 一迪：《生态移民的困惑》，载《华夏人文地理》2003年第5期。
② 单平：《牧区制度创造性与可持续发展研讨会综述》（研究报告）2006年5月。

补偿款）。但要在异地立足，建房、开垦土地、饲养牲畜等事项的花费远远高于这个数目，其余的全要移民个人负担，压力太大。而且，由于资金投入渠道的狭窄，也使生态移民投资的规模偏小、水平较低，严重影响了生态移民的效果。还有政府的承诺往往无法兑现，引起居民对政府承诺的不信任。由于我国到目前为止尚没有专门针对移民的部门法，即使即将出台的移民法也只针对投资和技术移民，与移民相关的《水法》等法律中也几乎找不到关于生态移民的法律规定，政府所实施的基本都是地方性的规定条例，这使得基层政府为了实现最终目的可以随意变更承诺而不用负担法律责任。

4. 有关生态移民的经济补偿法律问题

生态移民中比较大的困难是生态经济补偿，经济补偿是对移民利益的确实保障。生态移民尤其是西部地区的移民，都是生活在土地贫瘠、生态环境恶劣地区的贫穷农牧民，土地是他们的唯一生活保障。如果选择迁徙可能就会失去土地，对世代依靠土地生存的农牧民来说是非常艰难的选择，所以国家的补偿机制一定要合理到位。国家法律层面有关移民补偿的规定基本体现在《国务院关于进一步完善退耕还林政策措施的若干意见》：一是国家无偿向退耕户提供粮食、现金补助。长江流域及南方地区每亩退耕地每年补助粮食（原粮）150 公斤；黄河流域及北方地区每亩退耕地每年补助粮食（原粮）100 公斤。每亩退耕地每年补助现金 20 元。二是国家向退耕户提供种苗造林费补助。补助标准按退耕地和宜林荒山荒地造林每亩 50 元计算。三是关于粮食和现金的补助年限，还草补助按 2 年计算；还经济林补助按 5 年计算；还生态林补助暂按 8 年计算。国家提供的补助主要集中在粮食和树苗补偿款上，其余的补助金则是各省按照自己的情况来决定。省内纵向补助主要是指实施项目的省级财政向实施项目的县级财政的纵向财政转移支付。鉴于项目实施地区县级财政的困难状况，围绕项目实施工作而发生的工作经费的主要部分均应由省级财政承担。这里存在的法律问题有三点，第一，是国家及省上的补助款在下拨时因为没有监督机构，而且没有相关法律的规定约束，机制的不完善，使补偿不能完全依法进行，部门行政色彩浓，补偿受益者与需要补偿者相脱节，导致补偿的钱粮不能及时到位，而且存在补偿款通过名目多样的生态建设项目被中间环节消耗掉，最后真正发到移民手中的补偿金非常紧缺。第二，是补偿金计算不够合理，因为各省情况不同，导致有些地方的补偿款根本不足以维持移民再生产及正常生活。（1）移民生活安置资金不足。（2）移民生产必需的基础设施建设投入不足。（3）国家对封禁过程投入不足。例如宁夏、河北、内蒙古三省区基层干部反映，目前安置移民主要靠国家补贴，而国家补贴的人均4000—5000元搬迁款，甚至连修路、通电、建房等基础设施的费用都不够，根本谈不上扶持移民发展生产，退耕还林政策问题。第三，是现有的退耕还林相关法律只提供5年和8年的粮食与资金补偿，但5年和8年后怎么办？国家并没有明确的政策意见，这就使农牧民没有稳定感，不肯放弃原有的承包林地与草场而造成移民的困难。

（三）甘南州生态移民法律制度建议——生态移民的法制化①

1. 明确甘南州政府在生态移民过程中的法律地位——辅助作用，还是组织领导地位

法律明确规定政府在生态移民过程中的法律地位，实际上就是给政府的强制移民行为提供了法律依据，既便于政府行为也便于百姓理解。但在这个过程中也要注意保护民法精神中的自愿原则，尽量对不愿移民的居民采取说服教育方式。现实中，我国一直执行户籍制度，《宪法》中也未规定居民的自由迁徙权，这可以作为基础来制定明确的政府职责。另外，政府的移民准备工作项目计划应当由独立的专门的机构来审核，确保它的选择能保证移民利益的最大化和最优化，避免因为形象工程而产生移民的新居住地不适宜长期发展、仅给移民提供了房屋等基本条件，却没有其他应有的附属设施如学校、给需修复的生态或新移民地生态带来二次破坏等不

---

① 国务院：《中华人民共和国国民经济和社会发展第十一个五年规划纲要》，http://www.cctv.com/news/china/20060316/102285.html，2006年3月16日。

良现象产生。

2. 投入资金保障移民生活

甘南州政府可以采取企业与企业之间、企业与农户之间自主建立的补偿机制，其补偿形式有使用费、转让费、土地出让费、成本分摊、低息信贷等。这种机制赖以存在的基础是生态环境服务价值的用户和提供者之间进行的广泛磋商，特点是汇集社会广大力量、资金参与生态环境的重建及生态移民的新生活。政府提供的投资应当顾及移民生活的各个层面，最少应按照当地人均生活最低标准给予移民补助，并且补助应当落实到个人，以免在中间环节被扣留。这部分投资应当有公信力，投资的计划数额都要提前公开明示，便于移民掌握，分析利弊。政府的资金还要能保证移民的可持续发展，不能只考虑移居过程的费用。

3. 应当给移民建立健全社会保障制度

移民离开故乡，进入新环境中，本身易受排斥，加上土地或其余生产条件不足等情况，可能无法维持正常生活。移民几年没有收入的现实比比皆是，这时如果有社会保障制度的扶持，就能帮助移民度过困境，建立信心，融入新生活。

4. 进一步细化和合理化移民经济补偿金的规定

移民补偿金是移民的主要生活依靠，所以应当由独立于政府之外的专门机构来监管补偿金的划拨，规避资金下放过程中的层层盘剥等违法现象。另外，移民补偿金还应当根据实际情况采取合理的计算方式划拨，以免移民获得的款项根本不足以维持生计。根据《国务院关于进一步完善退耕还林政策措施的若干意见》的规定，退耕还林的补偿规定应该更合理明确，对于失地的农牧民将来的生活要有切实保障：

（1）从牧区专项资金和发展资金中，把牧民建房、暖棚作为重要投资项目之一，每年安排一定数额的专项资金，连续多年给予支持；

（2）按照国家扶贫重点向边远少数民族地区转移的战略，在以工代赈和扶贫资金中，每年安排一定额度的切块专项资金，向牧民住房、暖棚建设倾斜；

（3）在民政专项资金中，每年安排一定的资金用于牧民定居点建设。

5. 建立甘南生态移民、牧民定居点建设的高效管理机制

（1）在牧民定居点建设中，需要建立一个强有力的高效率的管理运行机构，协调解决牧民定居点建设中的组织实施、督促检查及发生的重大问题等；

（2）实施统一规划设计和工程质量监理评估及验收等管理措施；

（3）建立生态移民安置和牧民定居点专项资金的财务管理制度。

6. 明确规定生态移民的土地分配关系

生态移民后土地分配的公平性应当制定法律来明确，移民前后的土地差距应当给予经济补偿，粮食产量若减少，也应当有所补偿，移民对此才会比较安心。移出地若有商业用途，不论是用作生态旅游，还是以生态建设为名被企业所占，所得收益应按份额由开发商和使用权人即移民共享。

第五章　甘南藏族自治州生态环境安全战略措施

民族地区的发展是国家发展的重要组成部分，国家经济的持续、健康、稳定发展离不开民族地区经济的良性发展。民族地区生态环境安全迈入良性发展的轨道，可以有力地促进国家整体发展战略的顺利实施，保证国家发展战略目标的实现。本文主要从可持续发展战略措施、循环经济发展模式、绿色 GDP 核算体系和区域生态环境安全预警防范系统的建立四个方面探讨甘南州维护区域生态环境安全的具体战略措施。

第一节　可持续发展战略措施

一　正确认识民族地区发展与可持续发展战略间的辩证关系

可持续发展战略强调的是环境与社会经济的协调发展，追求的是人与自然的和谐。在可持续发展战略视野中，发展的核心思想是，健康的经济发展应建立在生态持续能力、社会公正和人民积极参与自身发展决策的基础上。它追求的目标是，既要使人类的各种需求得到满足，个人得到充分发展，又要保护环境，不对后代人的发展构成威胁。同时关注各种经济活动的生态合理性，强调对环境有利的经济活动应予以鼓励，在发展指标上，不单纯用 GDP 作为衡量社会经济发展的唯一指标，而是用社会、经济、文化、环境生活等多项指标来衡量社会经济发展，可持续发展较好地考虑长远利益，将局部利益与全局利益有机结合统一，使经济能够沿着健康的轨道发展。民族地区的发展只有在可持续发展战略的指导下，利用多元化的指标体系来衡量发展的绩效，在制定本地区社会经济发展规划时充分考虑资源环境的承载力，做到经济发展与保护环境两者兼顾，真正实现民族地区社会经济的可持续发展。

二　甘南州可持续发展战略措施之一——经济增长方式和消费方式的转变

（一）经济增长方式的转变

转变经济增长方式，提高国民经济整体素质和效益是国家提出的发展国民经济的重大战略措施之一，是我国经济发展战略转变的核心。

1. 经济增长方式转变的基本内涵

所谓经济增长是指一个国家、地区、部门或企业生产的商品和劳务总量的增加。[①] 经济增长方式则是各种生产要素的组合、配置的方式及其实现经济增长（即产出增加）的方法和途径。因而，不同的生产要素组合、配置方式及其实现经济增长的途径就形成了种类各异的经济增长方式，进而产生了不同的经济增长效果。[②]

经济增长方式一般可以区分为粗放型经济增长方式和集约型经济增长方式。

（1）粗放型经济增长方式

粗放型经济增长方式是指主要依靠生产要素数量扩张实现经济增长的方式。粗放型经济具有以下几个特征：[③] ①经济增长主要依靠大量物质投入，投入产出率低，经济效益低；②技术进步缓慢，生态工艺设备落后；③资源浪费，生态环境恶化；④产业结构不尽合理，产品质量差，附加值低；⑤依靠高投入支持高增长，经常造成投资需求膨胀。

---

① 杨小文：《不发达地区经济增长方式转变的特点和途径初探》，载《科学·经济·社会》1998 年第 1 期。

② 刘思华：《经济可持续发展的制度创新》，中国环境科学出版社 2002 年版，第 220 页。

③ 李炳炎、唐思航：《进一步有效地促进中国经济增长方式根本转变问题探讨》，社会科学文献出版社 2007 年版，第 140 页。

（2）集约型经济增长方式

集约型经济增长方式主要依靠提高生产要素有机构成和使用效率实现经济再增长。集约型经济增长有以下优点：[①] ①节约和有效利用资源；②优化产业结构，促进国有企业存量资产的合理流动；③更好地发挥科技的第一生产力作用，加速科技进步。

转变经济增长方式就是要努力推动增长方式由粗放型向集约型转变，其实质就是推动生产要素的优化组合与有效运行，达到发展社会经济，最大限度满足人民需要的目的。

社会经济形态的发展是一个具有阶段性特点的连续发展的动态过程，必然经历由低级到高级的历史演进。在这一过程中，不同经济发展阶段，由于分工和专业化程度不同，进而经济系统中各要素的聚合要求不同，因而体现出来的经济增长方式也不相同。[②] 粗放型经济增长方式作为特定经济发展阶段和经济体制的产物，是一定生产力条件下必然经历的过程，它对于建立我国完整的初等工业化体系，促进经济总量的增长发挥了不可估量的作用。但随着我国社会经济的进一步发展，这种以高投入、高消耗、高排放、不协调、难循环、低效率为特征的粗放型经济增长方式的弊端逐渐暴露出来，使得自然资源日益短缺，人与自然的矛盾逐渐激化，导致生态平衡破坏，遗患子孙后代。同时，粗放型经济的增长率的扩充是极其有限而不稳定的，是暂时的。因而，随着我国工业化水平的提高，生产力的发展，我国未来的经济增长方式必然是由传统的高投入、高消耗、高成本、低产量、低效率的粗放型经济增长方式转变为相对低投入、低消耗、低成本、高产量、高效率的集约型经济增长方式，进一步地促进我国经济又好又快的发展，促进人与自然的和谐相处。

① 李炳炎、唐思航：《进一步有效地促进中国经济增长方式根本转变问题探讨》，社会科学文献出版社2007年版，第140页。
② 杨小文：《不发达地区经济增长方式转变的特点和途径初探》，载《科学·经济·社会》1998年第1期。

2. 甘南州经济增长方式转变的实现对策

（1）更新经济增长观念①

转变经济增长方式必须首先更新发展理念，使地方政府和企业摒弃计划经济体制下旧的思维模式。甘南州经济增长的初级阶段，由于经济发展水平低，土地、劳动力和自然资源等要素价格较为便宜，以生产要素的大规模投入来获取经济发展是理性的选择。但是，随着生产力的不断发展，甘南州目前已经具备经济进一步发展的初步基础，况且持续的粗放型经济发展模式已经使当地的生态环境付出了巨大的代价，给经济的可持续发展带来了严峻的挑战。因此，在以后的发展中，要辩证地认识物质财富的增长和人全面发展的关系，转变重物轻人的发展观念。发展应该始终把提高人民的物质文化生活和健康水平作为出发点和归宿。符合可持续发展的经济增长方式是以有利于而不是有损于人的全面发展为最高标准的增长方式。同时还要辩证地认识人与自然以及经济发展与环境保护的关系，在经济建设过程中转变人单纯利用和征服自然的观念，经济发展必须要以不损害环境为前提。在以后的经济发展中，不仅要尊重经济规律，更要加倍尊重自然规律，充分考虑资源与环境的承载力。

（2）推动经济结构优化升级②

推动经济结构的优化升级，是转变经济增长方式的主要途径和重要内容，要切实把经济结构的战略性调整作为经济发展的主线。甘南州作为西部欠发达的民族地区，要立足于当地实际，逐步推动经济结构的优化升级。

首先，确立新的区位优势，并以此为基础，充分发挥区位各种资源优势及合理配置，在政府和市场的引导下，建立一批特色产业，逐步形成有地区特色的产业结构，并将其做大、做强、做精，使之成为拉动当地经济

---

① 孙小礼：《可持续发展敦促传统观念的更新》，http://theory.people.com.cn/GB/49154/49156/5998879.html，2007年7月17日。

② 胡锦涛：《加快转变经济发展方式推动产业结构优化升级》，http://news.sohu.com/20071016/n252685201.html，2007年10月16日。

持续增长的重要动力。

其次，整合资源，扩大甘南州的产业规模，通过调整财政项目的支持领域、资金支持方式等，形成产业链和企业链的有效整合，促成上下左右综合配套的产业联盟和网络化、集成化的产业集群。

最后，要促进城乡、地区协调发展。各地区要因地制宜，充分发挥比较优势，形成合理的地区结构，同时加强区域协作，避免某些地区、某些行业的盲目投资和低水平重复建设。

（3）推进科技进步

转变经济增长方式本质上要求提高经济增长的科技含量和知识含量，使经济的快速增长建立在科技不断进步基础上，提升产业层次，提高企业素质、增加展品的技术含量和附加值，增强区域特色经济的竞争优势。为此，一方面，加强基础科学和基础理论研究，加强关键技术的自主开发和创新，培育一批技术推广机构，给中小企业提供技术支持和技术援助，采取有效措施推进高新技术产业化。另一方面，立足甘南州自身的生态环境特点，特别要注重突破节约资源和环境保护方面的技术瓶颈，开发针对大气污染、水污染等方面的综合整治技术，开发资源高效勘察和资源综合利用技术。

（4）转变政府职能

政府职能转变是经济增长方式转变的前提，政府作为市场经济活动的宏观调控实施者，如果政府职能存在错位和缺位现象，那么转变经济增长方式将是一句空话。① 甘南州在转变经济增长方式过程中，要按照完善社会主义市场经济体制的要求加快转变政府职能，一方面，制定和实施合理的干部考核制度体系，干部的考核不但要看当时的成绩，还要看今后对这个地区今后经济发展的影响，不但有量的标准，还要有质的标准，做到干部考核全面衡量。另一方面，加大对干部队伍的培训力度，使他们努力掌

---

① 胡锦涛：《加快转变经济发展方式推动产业结构优化升级》，http://news. sohu. com/ 20071016/n252685201. html，2007 年 10 月 16 日。

握市场经济的基本知识和依法行政的能力，培养一支具有开拓精神、更有效率、更具有环保责任和义务的干部和公务员队伍，最终使该地区经济发展逐步走上可持续发展的轨道。

（5）建立环境保护的激励机制和监督管理体系

良好的环境条件是转变经济增长方式的环境条件，目前甘南州的自然环境正在逐年恶化，如草场退化、植被覆盖率下降等；因此，甘南州在未来的经济发展中必须处理好环境保护问题，使得环境保护的步伐能够跟得上经济发展的步伐，逐步建立环境保护的激励机制和监督管理体系。一方面要加强宏观调控，建立以经济手段、法律手段为主的节约资源和环保机制，将节约资源由过去的政府行为转变成一种在利益驱动和法律约束下的市场行为和企业行为，真正使节约资源、保护环境成为社会公众自觉参与的行动。另一方面要强化监督管理、加强法规建设，进一步加大执法力度，坚持强化管理、预防为主，谁污染谁治理，谁开发谁保护的三大政策体系，充分调动各级政府、企业以及广大群众保护环境的主动性、积极性，确保环境治理和节约资源各项措施落到实处。

（6）加大人力资本的投入

转变经济增长方式，归根结底要靠人。从世界各个国家和地区发展的历史来看，人力资本是欠发达地区发挥后发优势，赶超现代化先行者的关键因素之一。因此，作为西部欠发达的民族地区，甘南州首先需要调整发展思路，坚定不移地实施科教兴国战略，全面提升劳动者的综合素质，将对教育的投入视为未来创新能力最有价值的基础性投入，加快基础教育的发展，充分发挥人力资源优势。

（二）消费方式的转变

保护生态环境，实现可持续发展，是全世界的共识，也是世界各国的战略选择，可持续发展包括可持续生产与可持续消费两部分。如果说生产是人类社会经济活动的出发点，那么消费就是归宿点。

1. 消费方式转变的基本内涵

消费本身无所谓好坏，关键需要分析其可持续性或不可持续性。消费方式的转变就是指将不可持续消费转变为可持续消费，从而建立一种与环境资源保护相协调的新型消费模式。现行消费方式具有污染性、挥霍性、野蛮性和倾斜性的特点，引起了严重的环境污染，造成了巨大的资源浪费，使得生物多样性和自然景观遭到破坏，因而是不可持续的。

　　与不可持续消费相对的是可持续消费，那么什么是可持续消费呢？有的学者认为可持续消费是一种生态消费；有的学者认为可持续消费是绿色消费；有的学者认为可持续消费即使在消费时也要尽可能多利用、少排放；还有的学者认为可持续消费是一种既符合代际公平又符合代内公平的消费。现在比较公认的是联合国环境署在 1994 年在内罗毕发表的《可持续消费的政策因素》中提出的定义："提供服务以及相关的产品以满足人类的基本需求，提高生活质量，同时使自然资源和有毒材料的使用量最少，使服务或产品的生命周期中所产生的废物和污染物最少，从而不危及后代的需求。"可持续消费模式具有以下几个特点：

　　（1）可持续消费是从消费的角度来建立一种人—自然—社会相互协调的和谐关系。[①] 人类在发展的同时，并不是单纯的经济发展和社会发展，也不是单纯的生态持续，而是要达到自然—社会—经济复合系统的可持续发展。可持续消费实际上是对人与自然、社会三者相互关系的重新定位，即把人类置身于三者和谐关系的基础上，以达到人与自然、社会协调发展。

　　（2）可持续消费强调满足人类基本的消费需要。这也是经济持续发展的根本目的，它既包括人们对多种物质生活等方面的消费需要，如饮食、居住、衣着、交通等方面的消费需要，并不断提高全体人民的物质和文化生活水平，又包括人们对生活环境质量和生态环境质量等生态需要，做到适度消费和文明消费，使人类社会与自然保持协调关系和良性循环，从而使社会发展达到人与自然和谐统一，生态与经济共同繁荣和环境相协调。

---

① 傅家荣：《可持续消费的合理内涵及其实现对策》，载《经济问题》1998 年第 3 期。

（3）可持续消费是一种公平性消费。[①] 可持续消费强调人们在使用消费资料或享受服务时，要既能满足当代人的消费需要，又不对后代人满足其消费需要的能力构成危害。当代人不能片面地和自私地追求自己的发展与消费而剥夺后代人本应享受的同等发展与消费机会。

可持续消费不但能直接减少资源与环境的压力，促进可持续发展，而且通过消费对生产的引导作用，间接地指引生产朝可持续的方向发展。

2. 甘南州消费方式转变的实现对策

目前，甘南州的生态环境逐渐恶化，草地"三化"现象严重；水资源不断受到污染；森林面积逐年减少；水土流失严重；对野生动植物保护不力导致生物多样性减弱等，而上述这一切均与当地不科学的经济增长方式和消费方式有着密切关系，实行粗放型的经济增长，片面追求经济增长的高速度，而忽视经济发展过程中的环境保护问题。同时，消费方式不科学，缺乏应有的绿色环保消费意识，而这最终威胁到了社会经济发展与资源环境保护之间的和谐统一，影响了经济发展的可持续性。因此，甘南州各级政府及其相关部门应当更新经济增长观念，推动经济结构优化升级，综合运用转变政府职能；对消费者进行可持续消费教育，提高人们的可持续消费意识；推进科技进步，不断研发高科技产品；制定各种优惠政策，扶持绿色产业的发展；健全保护和改善生态环境的政策与制度，优化可持续消费环境等多种措施，以推进本地经济增长方式和消费方式向可持续发展的方向转变。

（1）对消费者进行可持续消费教育，提高人们的可持续消费意识

可持续消费模式是一种价值观念的更新，它的建立首先有赖于消费者可持续消费意识的提高，因此我们必须加强对消费者进行可持续消费观念的教育，教育的内容包括环境、资源、人口、经济等多个方面，使得消费者认识到消费水平、消费质量的提高不仅依赖于消费的产品和服务的数量和质量，还依赖于消费环境的优劣。同时，通过各种新闻媒体加强环保宣

---

① 傅家荣：《可持续消费的合理内涵及其实现对策》，载《经济问题》1998 年第 3 期。

传，引导人们树立环境保护、生态平衡的观念，只有当人们正确理解人与自然的和谐关系，认识到保护环境的责任和义务，才会使人们树立起可持续消费意识，自觉建立起可持续消费模式。

（2）提高科技发展水平，研发可持续性产品

科学技术在提高人们的生活水平和减少经济增长对环境的负面影响方面一直起着重要作用，在支持生产和消费向可持续方向转变中也起着类似作用。可持续消费不仅是指一种消费意识、消费观念，也是一种实实在在的消费方式，它以符合可持续内涵的产品和服务为消费客体，而这些客体作为传统消费产品和服务的替代品往往具有较高的技术含量。只有形成可持续产品的生产市场，才可能引导可持续消费。① 在甘南州，当地政府可以依据本地资源和环境的特点，大力引导相关企业努力推进科技进步，不断研究和开发"清洁产品"、"绿色产品"、"环境友好型产品"等可持续性产品，形成可持续产品的生产市场，从源头上消除不可持续因素，使消费者有着更多的可持续产品选择和利用的机会，从而实现以较少的资源满足人类生存和发展的需求，降低经济发展对环境形成的压力。

（3）健全保护和改善生态环境的政策与制度，优化可持续消费环境

可持续消费成为消费热点是消费发展的必然趋势，发展可持续消费对于促进经济增长，较之其他形式的消费而言具有明显的优势。在甘南州，各级政府应当尽快制定和完善一系列的保护和改善生态环境的政策法规，既保护生态环境资源，优化可持续消费环境，又积极引导并满足日益增长的可持续消费需求，协调环境保护与可持续消费之间的关系，促进当地经济的可持续发展。一方面，适度增加环保投资的比重。实施可持续消费，政府应起主导作用，在促进可持续消费方面，政府应制定相关政策加大投资力度，使环保投入的比重不断增加。另一方面，要建立将环境和资源成本内化的价格机制。现行的价格机制不能反映出自然资源、原材料和制成

---

① 国家发展与改革委员会：《2008：加快转变经济发展方式　坚持稳中求进》，http://www.cena.com.cn/html/yaowen/zhuanti/2008 - 01 - 18/12006417955434.html，2008 年 1 月 18 日。

品对健康和环境的影响，鼓励了对自然资源的过度开采和消费的不持续模式，因此必须改变这种不合理的价格机制，要按照资源耗竭的边际成本计算产品中包含的环境成本，建立起将环境和资源成本内化的价格体系，促进传统消费和生产模式的重大变化，开创可持续消费的新潮流。

（4）制定各种优惠政策，扶持绿色产业的发展

绿色产业是指产品和服务用于防治环境污染、改善生态环境、保护自然资源，有利于优化人类生存环境的新兴产业，它不仅包括生产环保产品的环保企业及环保技术服务业，而且广泛渗透在第一、第二、第三产业的各个领域、各个部门为整个国民经济的可持续发展服务。绿色产业的发展可以从生产层面推动可持续消费，增进人与自然的和谐共处。① 为此，甘南州各级政府应将绿色产业列入当地支持性产业政策范围进行扶持，增加对绿色产业的投资，提高企业的科研与开发能力，并促进绿色技术的引进和推广；鼓励外商直接投资绿色产业，引进先进的环保技术清洁生产设备；完善绿色奖励政策，使绿色企业享有减免税、优惠贷款、发行绿色债券等权利；建立绿色产业发展专项投资基金，支持创建和发展绿色企业或企业"绿化"。

三　甘南州可持续发展战略措施之二——节约和综合利用本地生态资源

由于科学技术的落后以及人们环境保护意识淡薄，甘南州生态资源出现了各种危机：随着养畜数量的不断增加，草地资源过度利用，草畜矛盾日益突出，草地长期处于超载过牧而造成草地退化，致使草地畜牧业生产处于低水平的维持状态；水资源的配置不合理和经济建设进程的加快，对水资源的需求量越来越大，对地下水的依赖性更强，地下水被广泛地开发利用，其开采量加速度增加最终形成掠夺式开发；森林资源过度开采，森林面积锐减，林木蓄积量逐年下降；野生动植物资源得不到有力保护，生

---

① 国家发展与改革委员会：《2008：加快转变经济发展方式　坚持稳中求进》，http://www.cena.com.cn/html/yaowen/zhuanti/2008-01-18/12006417955434.html，2008 年 1 月 18 日。

物种质受到破坏，各种珍稀动植物不断消失；矿藏资源过度开采，储存量明显下降，加之开采技术水平有限，大量伴生的矿物质被丢弃，造成巨大浪费等。由此可见，甘南州生态资源的节约与综合利用已经迫在眉睫，因此，甘南州应当不断探索新途径，采取适合本地条件和风俗习惯的方法、措施，以实现本地生态资源保护与开发的协调发展。

（一）甘南州草原资源的节约和综合利用

1. 合理开发草原生态旅游资源

甘南州的桑科草原因水草丰美、风光秀丽而闻名国内外，每年的旅游黄金时期，桑科草原就会接待大量的观光游客，草原旅游业也成为甘南州重要的经济支撑力量。但是，随着游客的日益增多，草原旅游在给当地带来经济利益的同时，也给草原的生态环境带来了沉重的压力。为了缓解这种压力，促进草原生态环境的恢复，应该逐步地在该地区推进草原生态旅游。为此，我们应该做好以下几个方面的工作：①加强草地旅游管理，控制整个生态旅游区的使用程度。首先要协调旅游管理和草原管理的关系，健全草原景区管理法规制度，严格按照相关法规管理景区旅游经营活动；其次要通过经济策略控制每天进入景区的游客人数和游览整个景区的时间；再次要在生态脆弱区和已经过度开发的景区，划定草地保护区，进行特殊保护；最后要对草原生态环境已经遭到破坏的地区，采取关闭景点的办法进行保护。②可持续合理地制定草地旅游发展规划。要在对草地进行实地调查研究的基础上，科学分析和评价当地草地旅游资源的环境承载力，制定相应规划，分阶段开发草地旅游资源。③建设专业的旅游从业人员队伍，强化生态环保意识。对旅游从业人员进行专门的草原生态知识教育，使旅游从业人员在具备一般旅游管理知识和经验的基础上了解本地草原旅游资源的特殊性，进而使旅游从业人员在提供旅游服务的同时，承担起环境保护的责任。①

---

① 贾秀丽、张承元：《草原资源的合理开发利用》，载《国土与自然资源研究》2002年第3期。

2. 积极实施围栏封育、科学养畜工作

过度放牧是甘南州草地资源退化的主要因素，为了有效防止因过度放牧引起的草地资源减少，草场群落逆行演替而造成的资源退化，保护草地资源，采取围育工作是十分必要的。在目前的放牧压力下，只有经过封育，植物才有生长的时间和空间，才能正常生长、发育，才能有机会储存足够的营养物质供越冬和明春返青的需要。封栏围育对优质牧草尤为重要，因为只有这样，优质牧草才能免遭牲畜的啃食，才有机会与其他牧草竞争，从而使草场向正常方向交替进展。除此之外，还要积极推行科学养畜，逐步加强草原基础设施建设，走科学养畜之路。随着牧区人口的逐年增加，人均草地占有量在逐年减少，仅仅依靠天然草是很难满足牧区人民扩大生产、脱贫致富的要求的。我们要坚持以草为本，大力种草以草定畜，增草增畜，使牲畜的数量与草原的承载量相一致，实现草原的可持续发展。①

3. 全面落实草地有偿承包责任制

实行草地有偿承包责任制是节约和综合利用草地资源的根本性措施，只有全面落实草地有偿承包责任制，才能从根本上解决草地利用上吃"大锅饭"的局面，才能把草地的管理、建设、使用同责、权、利结合起来。实行草地有偿承包责任制可以建立草地新的运行机制，增强集体和个人在草地建设和保护上自我积累、自我投入和自身发展的能力。② 通过建立草地有偿承包责任制，可以充分调动牧民爱草惜草的积极性，减少短期行为对草地的剥夺和破坏，进而恢复和改善草地生态环境，实现草畜平衡，使草地得以休养生息，促进草地资源的可持续利用。

4. 增加草地的投入，防止鼠虫害

恢复和治理草地生态环境，节约、综合利用草地资源是一项长期而艰巨的任务。甘南州各级政府要将草地资源的治理与保护纳入当地基础设施

---

①　贾秀丽、张承元：《草原资源的合理开发利用》，载《国土与自然资源研究》2002 年第 3期。

②　同上。

建设规划，使草地生态建设有基本的资金保证，多渠道、多形式的筹集草地建设基金，并将其应用于草地鼠虫害的综合防治工作，建立起全州范围内的鼠虫害的预测预报制度及预测预报体系，摸清鼠虫害的分布及发生规律，及时准确地预报灾情，采用生物和化学相结合的方式，加大防治规模和力度，做到综合防治，连片治理，确保草地资源的健康发展。

5. 建立草地生态自然保护区

根据甘南州草地类型及全国建立草地自然保护区的总体规划布局和建设要求，建立若干草地生态自然保护区，以加强草原牧草种资源的保护、收集、鉴定和评价，并以草地生态自然保护区为基地，加强草地科学研究工作，大力实施草种改良。

(二) 甘南州水资源的节约和综合利用

1. 加强水资源保护，实现污水资源化

该措施是实现水资源可持续利用中非常重要的环节。我们应本着"预防为主"的方针和"谁污染、谁治理"的原则，在主要水源地限制农药、化肥的使用，加大生态型和节水型农业的发展力度，对已受污染的河段、水域限期治理；对有排污的企业，要求企业对其废水进行第一级达标处理，然后排入城镇污水收集系统进行第二级处理。处理后的污水可用于农业灌溉和环境用水，使污水资源化。从水资源统一管理，统一保护的角度看，城镇供水、城镇污水收集系统和污水处理厂，应为当地水行政主管部门的管辖范围。水行政主管部门应加强河道水质监测和污水排放水质、水量监测，对水污染防治实施监督管理。加强水土保持工作，做好水土保持规划并监督实施，要综合防治水土流失，减少河道泥沙淤积和洪水威胁，改善农业生产条件和生态环境。要防止森林植被破坏，提高林木、植被覆盖率，涵养水源，创造清洁的水生态环境。

2. 实行水资源配额制，促进节约用水①

_____

① 郭纯：《国外水资源开发利用战略综述（上）》，http://www.macrochina.com.cn/fzzl/dg-zl/20010730014745.html，2001 年 7 月 30 日。

节约用水是保护水资源、实现水资源可持续利用的有效措施之一。当地水行政主管部门应根据本地区的经济技术条件和水资源状况，制定地方性综合用水定额。利用水价这一经济杠杆奖励节约用水和惩罚浪费，根据用水户用水量的多少将水价分为几个不同档次，用水量越大，价格越高，用水量超过配额应受到严重的经济处罚。按照谁节约、谁受益，谁浪费、谁受罚的原则，节约用水单位可以有偿转让节约用水量的水权，缺水单位可以购买水权。通过实行用水配额制，对工业企业和农业用户的用水量进行监制，从而强制工业企业和农业向节水型方向发展，逐步建立节水型产业和节水型社会，最终实现水资源的可持续发展。

3. 增强全民节水意识，鼓励公众参与

我们要利用一切宣传形式，大力宣传节约用水的方法和科学知识，增强全社会的节水意识。建立健全节水工作的社会监督体系，特别要加强电力、化工、冶金、煤炭等工业的用水监督，做到发现一起，查处一起，教育一片。同时要鼓励社会公众以多种形式参与节水工作，正确引导广大群众自觉使用节水技术、节水设施，如在家庭生活中使用节水龙头、节水马桶等节水器具，在农业生产中采用滴灌等节水灌溉技术，逐步形成节水光荣的社会风尚。[①]

（三）甘南州土地资源的节约和综合利用

1. 科学编制土地利用总体规划

在以后的土地利用过程中，要充分发挥规划的调控作用，突出保护耕地，保护生态环境，做到地尽其力，优地优生。从单独的规模控制转向规模控制与土地利用集约控制并重，重点抓好土地利用功能区分，科学确定各分区和地块用途，提出控制指标和限制条件。各开发区和工业园区，必须按照布局集中、用地集约、产业集聚的原则，合理调整产业布局，实行产业分工和功能定位。做好土地利用总体规划与城镇总体规划的衔接，力

---

① 郭纯：《国外水资源开发利用战略综述（上）》，http://www.macrochina.com.cn/fzzl/dg-zl/20010730014745.html，2001 年 7 月 30 日。

求在规划的期限、规模、区域范围、发展方向等方面取得一致，促进土地资源的节约和综合利用。

2. 整合闲置、低效土地，提高土地的利用率

甘南州各级政府要根据本地区的实际情况，制定合理的政策，加大对农村废弃地、工矿废弃地的整治力度，盘活在机构改革中撤并闲置下来的土地。积极引导农村居民点向中心村和小城镇集中，乡镇企业向工业园区集中。对低效利用的土地要进行详细调查，进行科学规划，提高土地利用效率。

3. 制定优惠政策，鼓励节约利用土地

各地政府可以从当地财政中拿出一部分资金，用于迁村腾地农民的补偿、土地复垦的补助，以鼓励村庄集中工作。对旧城改造、企业搬迁、使用地下空间、建设多层标准厂房的工业用地，可以适当减免相应的税收。

（四）甘南州林业资源的节约与综合利用

1. 变革森林经营方式，实行森林分类经营

长期以来社会对林业的认识基本上是停留在挖坑、栽树、砍木头上，各级政府和林业主管部门也只是把林业作为一种产业来办。随着经济的发展和社会的进步，国家和社会对林业的认识和要求已发生根本变化，要求林业由单纯生产木材转为生态、社会和经济效益兼顾，更要注重生态、社会效益。因此，在森林主功能配置上要有新的突破，就必须实行森林分类经营，将大部分需要成片保护的森林环卫生态公益林，让宝贵的森林资源特别是天然林资源休养生息，充分发挥生态防护和社会公益的功能。同时要划出一部分条件较好，木材生产潜力较大的林地作为培育后备资源的主战场，发展商品林业，推行基地化、定向化和产业化经营，实行高产出、高效益的集约化经营模式，逐步提高森林资源利用的科学化程度。

2. 加强林业科技研究和应用开发

森林资源的可持续发展是建立在拥有一定数量和质量的森林资源的基础上的，那就要通过森林资源的再生产，提高森林覆盖率，增加森林总产出量，因此，必须树立科学技术是第一生产力的思想，加大森林资源生产

中的科技投入，将林业科学研究与林业生产融为一体，不断为林业生产解决实际问题。为此，我们应从以下两个方面下工夫：一方面，增加对林业科技的投入，确保对林业生产促进作用大的关键技术的研究和成果推广应用有足够的经费；另一方面，深化林业科技体制改革，推动林业科研与生产的紧密结合，建立科研课题立项审批和科研成果推广应用制度，使林业科研不断为林业生产解决难题，林业生产部门能积极主动地应用科研成果，把林业发展建立在牢固的科学基础上。

（五）甘南州野生动植物资源的节约和综合利用

1. 依靠科学技术，综合利用野生动植物资源

节约和综合利用野生动植物资源，使野生动植物资源永续利用，就必须应用先进的科学技术。一方面，充分利用农业和生物技术及其他先进手段，进行引种、驯化、人工栽培、组织培养及采用遗传工程技术，使一些稀少、珍贵的野生植物资源迅速增加其数量，提高质量，为野生植物资源的开发与利用扩大或建立原料基地。另一方面，通过提取、加工、精制等工业措施，使野生植物资源按市场需要形成名优新产品，变当地资源优势为商品优势，优化生产过程，为市场提供更多、更好的优势产品。

2. 科学编制野生动植物资源利用总体规划

在查清野生植物种类、储量、分布规律和生态条件的基础上，结合市场需求状况，制定出开发利用规划。规划要做到保护与利用并举，生态效益与经济效益统一。其具体内容应包括以下几方面：（1）直接开发利用的野生植物资源。对储量大、分布集中、经济效益大，又是市场短缺的野生植物种类，应尽快组织开发利用。并根据利用量与再生量相平衡的原则，限定开发强度与生产规模，提出开发利用措施与保护措施；（2）近期开发利用的野生植物资源。对于经济效益大但储量小的野生植物，立即开发利用。不能形成一定生产能力的，要先进行引种驯化，使野生变家植，扩大资源量，以后再大规模开发利用；（3）远期开发利用的野生植物资源。对于储量大，分布集中，尚未探明利用途径或技术的野生植物资源，不要急于开发利用。要集中力量进行这类野生植物开发利用研究，组

织攻关，待技术成熟后再推广利用，以免浪费资源。

（六）甘南州矿产资源的节约与综合利用

1. 实行矿业权的有偿使用，促进矿产资源的节约利用

通过产权界定引导人们在更大程度上将外部性内在化，从而减少或消除外部性。立足于甘南州自身的特点，实现矿产资源的产权界定可以通过实行有偿出让特定矿产资源的采矿权，即明确资源产权关系，对矿产资源进行资产化管理，实现矿产资源的有偿使用，并依据此原则进行税费改革，并以消耗储量为依据计征矿产资源补偿费，从而可以引导矿山企业为降低单位产品所分摊的资源补偿费，降低开采成本，来不断地进行技术更新，对矿产资源进行综合开采、综合利用，提高资源的利用程度，避免按产量计征所造成的采富弃贫、采易弃难的资源浪费现象。

2. 加强对矿产资源开发利用的监督管理

甘南州有关部门要针对目前矿产资源开发利用过程中存在的问题，加强对矿产资源开发利用的监控管理，督促矿山企业采用合理的开采方法和选矿工艺，使矿山企业开采回收率、采矿贫化率、选矿回收率达到设计要求，做到综合开采，综合利用矿产资源，把"三率"列为考核矿山企业采、选技术水平和管理水平，资源利用程度最主要、最基本的技术经济指标，依法考核矿山企业的"三率"指标，督促矿山企业在开采主要矿产的同时，对具有工业价值的共生和伴生矿产应当统一规划，统一开采，综合利用，防止浪费；对暂时不能综合开采或者必须同时采出而暂时还不能综合利用的矿产以及含有有用成分的尾矿，应当采取有效的保护措施，防止损失破坏。

3. 完善法律法规，严格依法办事

要逐步完善矿产资源节约与综合利用方面的法律法规，并细化法律的内容，增强其可操作性。通过法律法规体的不断完善，来保障矿产资源节约与综合利用的各项政策措施的顺利实施，使矿产资源的利用纳入法制化的轨道。同时，普及相关法律知识，提高人们尤其是矿业从业人员的守法意识，通过有效的宣传教育，使人们有意识地变废为宝，提高矿产资源

利用率。除此之外，还要加强执法工作，对于矿业企业的违法行为进行处罚，督促他们守法经营，保护矿产资源的永续利用与可持续发展。

四　甘南州可持续发展战略措施之三——降低资源消耗，控制污染

目前，甘南州的污染物排放已经对当地的生态环境构成了极大的威胁，同时，最为关键的是甘南州在污染物排放的管理过程中存在一些不容忽视的问题，一些地方重建设轻管理，重开发轻保护，边建设边破坏，建设赶不上破坏的现象十分严重。照此下去，甘南州的大开发就可能造成生态的大破坏，造成生态环境质量的大逆转。虽然甘南州工业"三废"排放总量不大，但其万元产值的排污量都远远大于省内其他地区和全国平均水平。本来就十分脆弱的生态系统，一旦遭到破坏，即使付出巨大代价，在很长的时期内也都难以恢复。历史上的大开发大发展，常常伴随着对环境的大破坏大污染，我们应当认真吸取这种教训。否则，不顾一切的追求经济的高速度增长，将经济发展建立在以牺牲环境为代价的基础上，走盲目开发资源和随意破坏环境的传统发展道路，那么再大的投资建设都会化为泡影，后果也一定是无法估量。因此，采取各种措施积极落实清洁生产和节能减排对于降低甘南州经济发展中的资源消耗，控制污染具有重要意义。

（一）大力推进清洁生产

清洁生产是实现经济可持续发展的一项基本策略，它是通过产品设计、原料选择、工艺改革、生产过程管理和物料内部循环利用等环节的科学化和合理化，使工业生产最终产生废物最少的生产方法和管理思路。①通过大力推进清洁生产，实现生产过程中的无污染或少污染，降低资源消耗，控制污染，进而达到实现甘南州经济与环境可持续发展的目标。

1. 开展宣传教育，建立清洁生产的意识

清洁生产只有被社会大众认识和了解，进而取得他们的认可，才能得

---

① 毛志锋：《人类文明与可持续发展——三种文明论》，新华出版社2004年版，第286页。

到切实的落实。因此，甘南州各级政府及其相关部门，应该充分利用新闻媒体及其他各种宣传形式，在全社会范围内以科学发展观对清洁生产进行全方位的广泛的宣传教育，使得社会各界全面了解清洁生产的重大意义和作用，以及清洁生产的具体工作内容和要求，从而端正人们长期以来对经济建设和发展模式的错误认识，树立正确的生态效率和经济建设理念，使社会全体成员认识到污染环境，浪费资源的危害性，从而强化社会成员的节能意识、资源意识和环保意识。特别是要加强对企业管理者的宣传教育，使他们认识到清洁生产不仅有利于企业改进生产工艺，调整产品结构，减少能源和原材料消耗，提高生产效率和管理水平，降低污染控制费用；而且可以减少生产过程中产生的污染物及其危害，提高环境质量和职业健康水平，清洁生产是实现经济效益、环境效益和社会效益统一的最佳生产模式。

2. 促进科技进步，改良工艺设备

清洁生产是一种高层次、覆盖面非常广的新理念，它体现在工业布局、国民经济计划、经济发展方针和产业政策等诸方面，为了对清洁生产提供强有力的技术支持，加强清洁生产技术的研发，就应在生产技术上有所突破，并且要注意清洁生产技术的扩散。① 只有从能源、原材料、生产过程和产品上都实现清洁技术革新，逐步淘汰生产工艺落后、损耗大、废弃物多的工艺设备，才能真正实现清洁生产，达到经济合理、节能、降耗、减污的目的，满足环境保护的要求。为此，甘南州应当从以下几个方面促进科技进步，改良工艺设备，开展清洁生产：（1）开展同行业或不同行业之间的技术交流，通过技术交流，在引进、吸收其他企业先进技术的基础上，结合企业自身工艺特点，进行技术创新；（2）给开发、实施清洁生产技术的科技工作者提供政策及经济上的支持，鼓励他们开发、实施清洁生产实用技术；（3）开展国际技术交流，在引进、消化、吸收国

① 李雅琴：《开展清洁生产是实现可持续发展的必由之路》，载《山西能源与节能》2006年第2期。

外先进清洁生产技术的基础上，结合企业自身工艺特点，进行技术创新。

3. 规范污染物总量交易市场，严格污染物排放标准

逐步降低污染物排放总量，对于保护自然资源，控制环境污染，具有不可替代的作用。甘南州各级政府及其相关部门应从法律、政策和行政管理上对企业节余污染物排放总量交易进行肯定，这是对推行清洁生产企业的激励，使企业在推行清洁生产的同时，经济上亦有利可图。甘南州环境保护主管部门应根据污染物总量交易地区的环境容量、总量控制指标、污染物排放标准、环境质量等，与其他部门充分协调，对交易双方企业进行严格审查、监督、管理，在总体环境质量不下降的前提下，为推行清洁生产企业节余的污染物排放指标创造一个科学、严格和规范的排污权交易市场。同时，由于我国的污染物排放标准是以我国处在社会主义初级阶段，国家的经济发展水平不高，企业的承受力不强为前提制定的。随着国家经济的发展和人们生活水平的提高，对环境质量的要求会越来越高，适时提高污染物排放标准是顺理成章的事。甘南州环境保护主管部门应依据本地的经济发展与环境特点，提高污染物排放标准，使一批环境绩效差的企业被逐出市场，这也是对清洁生产企业的支持和奖励。

（二）积极落实节能减排

节能减排不仅是"十一五"规划的约束性指标，更事关我国经济的可持续发展，积极落实节能减排工作，是保护维护甘南州生态环境安全的重要途径。

1. 加大科技创新力度，推动节能减排科技进步

科学技术是第一生产力，因此，要全面落实甘南州节能减排，必须充分发挥科技创新在节能降耗中的支撑作用。首先，甘南州要多方筹措资金，积极推进以节能减排为主要目标的设备更新和技术改造，引导甘南州企业采用有利于节能环保的新设备、新工艺、新技术，在一些耗能高的重点行业，推广一批潜力大、应用面广的重大节能减排技术。其次，依靠科技创新，加大对甘南州传统产业的改造力度，淘汰和关闭浪费资源、污染环境的落后设备，提高生产效率，实现节能、降耗、增效。最后，加大甘

南州节能降耗和生态环境保护技术的研发力度，提高优质、清洁和高效能源的使用率，通过节能技术创新不断提高能源资源的综合利用水平。

2. 加强节能减排法制建设，加大检查执法力度

首先，甘南州应尽快完善节能减排地方法律法规体系，将甘南州的节能降耗纳入法律规范的轨道，提高处罚标准，切实解决甘南州目前存在的"违法成本低，守法成本高"的问题。其次，甘南州要制定和执行主要高耗能产品能耗环保限额强制性标准，加大节能减排的执法检查力度，每年开展节能环保专项执法检查，坚持有法必依，执法必严，违法必究，严厉查处各类违法行为。

3. 加强宣传力度，提高全民节能意识

能源消费涉及社会的方方面面，实现节能降耗目标，必须动员全社会共同参与。因此，甘南州要加大宣传力度和政策导向，着力营造全社会节能降耗的良好氛围，唤醒全社会的节能意识，树立节约光荣、浪费可耻的社会风尚，动员全社会都来重视、关心和支持节能减排工作，形成强大的社会合力，不断增强全民对能源等资源的节约意识，推动整个甘南州节能降耗工作向纵深发展。

五　甘南州可持续发展战略措施之四——保护自然资源，恢复生态环境

目前，甘南州各级政府已经认识到了保护资源环境的重要性，也采取了一些切实可行的措施，对各种环境问题加以治理，但是，我们必须清醒地看到维护甘南州生态环境安全工作面临着严峻的形势：

一是环境保护压力大，经济发展与环境保护的矛盾日益尖锐。一方面，快速的经济发展给环境保护带来前所未有的压力；另一方面，有限的环境容量已成为经济发展的一大制约瓶颈，使得环保一定程度上步入"两难"境地。

二是群众环保要求高，环境质量与人民群众高要求的矛盾日益突出。一方面，环境质量还不容乐观；另一方面，环境事故隐患多，自然资源受

到掠夺性的开发，污染纠纷不断增加，已经成为群众关注的热点问题。

三是农村牧区环保问题多，环境保护现状与建设新农村要求之间的矛盾日益突出。

四是环保监管能力差，环保部门经费保障不到位，州、县市两级环境监测、监察机构按照国家标准化建设的要求还有非常大的差距等诸多问题。

因此，甘南州政府仍需积极探索保护当地自然资源，恢复生态环境的新方法，积极实施调节土地利用结构，加强生态屏障建设，大力推进退耕还林、还草工作；建立自然保护区，保护生物多样性等各种措施，促进本地生态资源环境的恢复。①

（一）调节甘南州土地利用结构，加强生态屏障建设

甘南州森林覆盖率低，草场逐年退化，失去了防止自然灾害的作用，生态环境令人担忧。因此，植树种草、建设绿色生态屏障已成为维护甘南州生态环境安全刻不容缓的事情。对甘南州生态环境已遭受破坏的地区，要统筹规划，本着"宜林则林，宜草则草"的原则，努力实施退耕还林，退耕还草工作。②

1. 积极开展甘南州退耕还林工作：（1）积极实施退耕政策，保护农牧民利益。实施退耕还林是一项复杂而仔细的工作，在进行这项工作时，应当遵照有关法规和政策，兼顾各方面的利益，充分估计到可能出现的矛盾；甘南州各级政府应出台有关土地、税收等配套政策以及相关补贴政策，不仅动员一切力量治理荒山，同时能让农民积极参与到整治土地的行列中，发展经济林果生产，在平等与自愿的基础上，调动农民退耕还林的积极性。（2）正确处理和解决好甘南州的林牧矛盾。甘南州多数地方林牧矛盾突出，牛、羊等牲畜践踏和蚕食幼林现象特别严重。为了解决好林牧矛盾，对陡坡退耕还地实施退耕还草、还林相结合的办法，种植优良牧

---

① 甘肃省发展与改革委员会：《合作市经济和社会发展十一五规划》，2007 年 11 月 15 日。
② 同上。

草，对牲畜实行圈养、围栏放养或轮隙放牧，并不断改良畜牧品种，促进畜牧业的发展。（3）加强宣传，尊重甘南州农牧民意愿，提高当地农牧民参与退耕还林的积极性。农牧民是甘南州实施退耕还林工程的主体，从停耕到退耕地块及退耕面积的确定、树苗的选购、栽种、管护等都应让农牧民全方位参与，这是确保退耕还林顺利实施的基础。（4）正确处理国家、地方、农户三者的利益关系。要坚持生态效益优先，兼顾农民吃饭、增收以及地方经济发展的原则，留够口粮田，退下陡坡地，建好找钱地，减少流失地，遏制边治理边破坏现象，坚决制止退耕地还林后林粮间作等翻动表层土的行为。

2. 大力推进甘南州退耕还草工作：（1）增加退牧还草投入，落实退牧还草补贴。甘南州退牧还草政策实施之初，农牧民首先面对的是可放牧草场的限制，对农牧民而言，这也意味着经济收入的减少。甘南州各级政府及其主管部门应设立退牧还草专项资金，对实施退牧还草的牧民给以重点支持，并逐年加大其投资力度，充分调动各方积极性，广辟资金来源，从而为实施退牧还草的牧民生产、生活提供保障，提高牧民进行生态建设的积极性。（2）推进牧区草业、畜牧业产业化进程，培育牧区市场体系。甘南州退牧还草是一项系统工程，要使牧户放心地退牧还草，使他们对这项政策有良好的预期，就必须加快甘南州牧区草业、畜牧业的产业化进程。（3）大力发展牧区非牧产业，建立新的经济生态效益平衡机制，从根本上缓解草原压力，持续巩固退牧还草成果。甘南州应当结合本区的人文、民俗和山川地貌特色，鼓励牧民转变单纯依靠放牧家畜的生存观念，将载畜量减下来，把收入搞上去。重点挖掘草原景观潜力，大力培育草原风情旅游业。充分挖掘各类草原丰富的物种资源优势，开发植物产业，如药用植物种子产业和深加工产业。①

① 沙拜次力：《政府工作报告——2008 年 1 月 11 日在甘南藏族自治州第十四届人民代表大会第三次会议上》，http://www.gs.xinhuanet.com/jdwt/2008 - 03/13/content_12686552.html，2008 年 3 月 13 日。

（二）建立甘南州自然保护区，保护生物多样性

建立甘南州自然保护区是保护生态环境和自然资源的基本途径，也是保护动植物物种资源的有效措施。面对越来越多的物种濒临灭绝的危险，我们需要进行详细的调查研究，确立要保护的物种并建立生物资源信息系统。然后根据该物种的作用以及数量的多寡建立不同类型的自然保护区，并据此实施不同的保护措施。对于生态环境遭受破坏、数量稀少的物种，应该建立珍稀物种养殖场。对于已经建成的自然保护区，应加大科研投入，探索人工繁殖的方法。同时要加强法制，进行规范建立，防止野生动植物资源减少和破坏，特别是珍稀物种的灭绝。

第二节　实行循环经济发展模式

一　循环经济发展模式的基本内涵

（一）循环经济发展模式理论的提出

近代循环经济的理论源于美国经济学家波尔丁（K·E·Boulding）提出的"宇宙飞船理论"。20世纪60年代环保运动在全球刚刚兴起，波尔丁敏锐地觉察到必须从经济过程来思考环境问题产生的根源，他将人类生活的地球比作太空中飞行的宇宙飞船（当时正在实施阿波罗登月计划），这艘飞船要靠不断消耗自身有限的资源生存，如果不能合理开发资源、善待环境，超过了地球的承载能力，地球就会像宇宙飞船那样最终走向毁灭。[①] 波尔丁的宇宙飞船经济理论可以说是早期循环经济理论的代表，在《宇宙飞船经济观》一书中，他把污染视为未得到合理利用的"资源剩余"，即只有放错地方的资源，没有绝对的无用垃圾。只有循环利用资源，才能持续发展。

---

① 孙启宏、段宁、毛玉如、李艳萍、沈鹏：《中国循环经济发展战略研究》，新华出版社2006年版，第1页。

20 世纪 70 年代，国际社会对环境的污染有了更深刻的认识。世界各国开始对环境问题加以关注，两次石油危机给世界经济带来了巨大冲击，加之全球人口的急剧增加，使得经济增长与资源短缺之间的矛盾日益突出，进一步引发了人们对经济增长方式的深刻反思。1972 年，罗马俱乐部发表了著名的报告《增长的极限》，该报告系统地考察了经济增长与人口、自然资源、生态环境和科学技术进步之间的关系，向全世界发出了100 年后经济增长将会因资源短缺和环境污染而停滞的警告。

20 世纪 80 年代，以德国为代表的发达工业国家，在为解决环保问题而对废弃物处理的过程中，逐步由单纯的末端治理，发展到从源头预防、减少废弃物的产生并对废弃物进行资源化处理后再生循环利用，而且确立了废弃物处置的顺序：尽量抑制废弃物的产生、再使用、再生利用、回收、无害化处置。[①] 至此，强调资源的高效循环利用和污染的源头防控的循环经济模式呼之欲出。

20 世纪 90 年代，环境问题促使人类对传统线性技术进行了反思。1990 年，英国环境经济学家珀斯和特纳在其《自然资源和环境经济学》一书中首次正式使用了"循环经济"一词。1996 年，德国颁布《循环经济与废弃物管理法》，首次在国家法律文本中使用循环经济的概念。至此，人类真正步入了循环经济理论的殿堂。

（二）循环经济发展模式的定义

所谓循环经济，就是把清洁生产和废弃物的综合利用融为一体的经济，本质上是一种生态经济，它要求运用生态学规律来指导人类社会的经济活动，是一种促进人与自然和谐相处的经济发展模式。[②] 循环经济要求在可持续发展战略指导下，基于生态经济原理和系统集成策略，以资源的高效利用和循环利用为核心，将物流方式由传统的"资源—产品—废弃物"单向线性模式，转变为"资源—产品—废弃物—再生资源"闭合循

---

① 齐秀丽、张丽莎、陈维健：《创新发展模式发展循环经济》，载《环境与可持续发展》2006 年第 4 期。

② 张英：《循环经济的理论内涵及实施策略》，载《山东财政学院学报》2005 年第 1 期。

环模式。通过在生产和服务过程中贯彻"减量化、再使用、资源化"（简称3R原则）的减物质化原则，实现资源利用的最大化和废弃物排放的最小化，从而达到节约资源、改善生态、人与自然和谐友好、经济社会可持续健康发展之目的。循环经济是人类步入可持续发展轨道，使传统的高消耗、高污染、高投入、低效率的粗放、低效型经济增长模式转变为低消耗、低排放、高效率的集约型经济增长模式，从而从根本上消除长期以来生态环境与经济社会发展之间的尖锐冲突。

总之，循环经济就是按照生态规律利用自然资源和环境容量，实现经济活动的生态化转向，是实施可持续战略必然的选择和重要保证。循环经济理论是经济发展与生态环保"双赢"的理论，是对"大量生产、大量消费、大量废弃"的传统增长模式的根本变革，提出了一个资源和生态环境融合发展的新经济模式。

（三）循环经济发展模式的特征

循环经济是一种新型经济发展模式，它体现了人类在发展观上的进步，根据学术界普遍认同的观点，其具有以下几个特征：

1. 循环经济体现了一种新的经济发展理念，是一种新型经济发展模式

从物质流动方向看，传统经济是指以资源—产品—污染排放所构成的物质单向流动为基本特征的线性经济发展模式。与此不同，循环经济是一种新的经济发展模式，是符合可持续发展的模式。它是以资源—产品—再生资源所构成的物质循环流动为基本特征的发展模式。它表现为低投入、低排放、高利用的特征，即经济发展是通过资源的低投入、高利用和废弃物的低排放来带动的。相对于线性的传统经济，循环经济倡导一种与环境和谐发展的理念和模式，它从根本上改变了人们的传统思维方式、生产方式和生活方式。循环经济意味着在产业结构调整、科学技术发展等重大决策中，综合考虑经济效益、社会效益、生态环境效益，减少资源与环境财产的损耗，促进经济、社会与自然的良性循环。

2. 循环经济体现了一种新的价值观，本质上是一种生态经济①

循环经济发展模式，在考虑自然界时，不再像传统工业经济那样将其作为"取料场"和"垃圾场"，也不仅仅视其为可利用的资源，而是将其作为人类赖以生存的基础，是需要维持良性循环的生态系统；在考虑科学技术时，不仅考虑其对自然界的开发能力，而且要充分考虑到它对生态系统的修复能力，使之成为有益于生态环境的技术；在考虑人自身的发展时，不仅考虑人对自然界的征服能力，而且更重视人与自然界和谐相处的能力。总之，循环经济是建立在生态学相关理论基础之上的，生态循环也是循环经济的基本循环原理，同时它还是受生态学规律指导的发展模式。因此，从本质上说，循环经济是生态经济。

3. 循环经济体现了一种新的生态环保理念

传统的生态环境保护主要采取末端控制措施，也即事后控制措施，采取的是先污染，先发展，后治理的模式，但是这种末端治理不能从根本上解决生态环境问题。而循环经济是边发展边治理，在发展中治理，甚至是在发展之前就注意生态环境问题，所以是一种事前或事中控制，从而将生态环境问题与发展问题很好的结合起来，实现二者的"双赢"，体现了在经济发展过程中的新的生态环保理念。

4. 循环经济体现了经济利益和生态环境利益的统一②

循环经济注重生态环境保护，注重经济发展对生态环境的负面影响，力求在经济发展和生态环境保护之间达到某种尽可能的平衡。所以，遵循循环经济的发展模式有利于实现经济利益和生态环境利益的统一，有利于人类社会的可持续发展。

（四）循环经济发展模式的基本原则

循环经济是适应可持续发展战略对经济活动进行重组和改造的一种思想方法，它要求在社会经济生活的各个领域建立新的规范和行为准则。

---

① 解振华：《坚持求真务实　树立科学发展观　推进循环经济发展》，载《环境经济》2004 年第 8 期。

② 同上。

"减量化、再使用、再循环"（3R）原则，就是把循环经济的战略思想落实到操作层面的基本原则。① 具体内容如下：

1. 减量化原则（Reduce）

该原则要求用较少的原料和能源，特别是控制使用有害于生态环境的资源投入来达到既定的生产目的或消费目的，从而在经济活动的源头上就注意节约资源和减少污染。减量化原则是将物质和能量流在其提供确实等效的服务时降到最低程度。由于技术的进步，使利用较少的物质和能量生产较轻的产品或体积较小的产品成为可能，从而使这些小巧或轻便的产品为人们提供更多的服务。

2. 再利用原则（Reuse）

该原则要求物品以初始的形式被多次使用或反复使用，而不是用过一次就了结。通过物品的再使用，可以防止物品过早地成为垃圾。再使用原则要求抵制当今世界一次性用品的泛滥，生产者应该将产品及其包装进行合理设计，使之能被反复使用。再使用原则还要求生产者应该尽量延长产品的使用期，不是像现在这样频繁地更新换代。

3. 再循环原则（Recycle）

该原则要求物品在完成其使用功能后，能重新变成可再利用的资源。再循环有两种情况；一种是原级再循环，即废品被循环用来产生同种类型的新产品；另一种是次级再循环，即将废物资源转化成为其他类型的产品原料。原级再循环在减少原料消耗的效率比次级再循环高很多。这一原则能够减少废物最终处理量，缓解垃圾无害化处置的压力。

二　循环经济发展模式的功能

（一）发展循环经济是建设资源节约型社会的基本途径

建设资源节约型社会，就是要在社会生产、建设、流通、消费的各个

---

① 国务院：《国务院关于加快发展循环经济的若干意见》，http://www.hgjs.com/Html/cz-xnc/082454856.html，2005 年 11 月 4 日。

领域，在经济社会发展的各个方面，切实保护和合理利用各种资源，提高资源利用效率，以尽可能少的资源消耗获得最大的经济效益和社会效益。这里讲的资源"节约"具有两层含义：其一是相对浪费而言的节约；其二是要求在生产和消费过程中用尽可能少的资源、能源创造相同甚至更多的财富，最大限度地利用回收各种废弃物，这是更高层次的节约，也是建设资源节约型社会的关键。

循环经济理论的提出和实践改变了过去以人类为中心，征服自然、改造自然的传统观念，确立了人与自然相和谐的理念，是一种建立在物质充分循环利用基础上的和谐的经济发展模式。发展的理念，不能独立存在，需要整个社会系统的支持及协同。只有全社会形成循环经济的理念，建立有利于推动循环经济的文化、社会道德、伦理规范、社会价值观等社会氛围，并投入实施循环经济发展的物质技术等，才能保障循环经济良性发展和建立节约型社会。①

建设节约型社会在于资源的有效利用，任何资源都要受生态规律的制约，只有遵守生态规律，同时按经济规律来发展循环经济，才能保证节约型社会的建立。循环经济顺应了自然规律和社会发展规律，有利于促进人与自然的和谐。实践证明，循环经济模式符合建设资源节约型社会的需要，必然成为资源节约型社会建设和实现可持续发展的基本途径。

（二）发展循环经济是建设环境友好型社会的基本途径

环境友好型社会是人与自然和谐的社会，通过人与自然的和谐发展促进人与人、人与社会的和谐。建设环境友好型社会，就是以环境承载力为基础，以遵循自然规律为准则，以绿色科技为动力，倡导环境文化和生态文明，构建经济社会环境协调发展的社会体系。与资源节约型社会相比，环境友好型社会更关注生产和消费活动对于自然生态环境的影响，强调人类必须将其生产和生活强度规范在生态环境的承载力范围之内，强调综合

---

① 国务院：《国务院关于加快发展循环经济的若干意见》，http://www.hgjs.com/Html/cz-xnc/082454856.html，2005 年 11 月 4 日。

运用技术、经济、管理等多种措施，降低经济发展对环境的影响。

作为构建环境友好型社会的重要途径，循环经济是指一种以资源的高效利用和循环利用为核心，以"减量化、再利用、资源化"为原则，以低消耗、低排放、高效率为基本特征，符合可持续发展理念的经济增长模式。它倡导的是一种与环境和谐的经济发展模式，与传统经济的"资源—产品—污染排放"的单向流动的线性经济有着根本的不同，它要求把经济活动组织成一个"资源—产品—再生资源"的反馈式流程，所有的物质和能源要在这个不断进行的经济循环中得到合理和持久的利用，以把经济活动对自然环境的影响降低到尽可能小的程度。这就从根本上消解了长期以来环境与发展之间的尖锐冲突。

通过大力发展循环经济，把环境保护和生态建设作为一个大产业进行经营与开发，逐步提高资源利用效率、降低污染物排放量、提高生活质量和经济效益，将人类活动控制在环境承载力范围之内，努力做到经济效益、社会效益和环境效益"共赢"。

（三）发展循环经济是转变经济增长方式的必由之路

循环经济的理论基础是生态经济理论，强调天人协调思想。与传统经济模式相比，循环经济具有明显的优势：一是它倡导资源的循环利用，可以充分提高资源和能源的利用效率，最大限度地减少废物排放，保护生态环境。二是它以协调人与自然关系为准则，模拟自然生态系统运行方式和规律，可以做到资源的可持续利用，实现经济增长、资源利用、环境保护的"共赢"发展。三是它强调节约资源、有效利用资源，在生产和消费过程中，以最小成本追求最大的经济效率和生态效益，具有低开采、低投入、低排放、高利用的特征，是解决资源和环境问题的最佳途径，为实现经济社会可持续发展提供了战略性的理论范式。[①]

在微观层面上，循环经济要求企业节约降耗，提高资源利用效率，实

---

① 刘荣章、翁伯琦、曾玉荣、张良强、许文兴：《农业循环经济发展的基本原则与模式分析》，载《福建农林大学学报（哲学社会科学版）》2006 年第 5 期。

现资源消耗和废物产生减量化；要积极推行清洁生产方式，尽量采用清洁技术，形成清洁、节约、环保的新型企业形象。对生产过程中产生的废物综合利用，根据资源条件和产业布局，合理延长产业链，促进产业间的共生组合；要进行产业的生态化改造，建立和发展生态工业、绿色服务业、废弃物再利用资源化和无害化产业。对生产和消费中产生的各种废旧物资回收和再生利用，最大限度地减少废弃物排放，减少废物最终处理量。

在宏观层面上，循环经济要求将循环经济的发展理念贯穿于产业发展、城乡建设、区域开发和老工业基地改造等经济社会发展的各领域、各环节，建立和完善全社会的资源循环利用体系，逐步形成低投入、低消耗、低排放、高效率的集约型增长模式。总之，大力发展循环经济是加快经济增长方式转变的必由之路。

（四）循环经济是构建社会主义和谐社会的重要保证

循环经济理论倡导将经济系统和谐地纳入到自然生态系统的物质循环当中，是一种与自然环境和谐的经济发展模式，其最终目标是构建人与自然和谐相处的循环型社会。这与我们党倡导提出构建和谐社会的目标是完全一致的。只有与自然界保持和谐，合理地利用自然资源，人类社会才能维持和发展人类所创造的文明，才能既满足代内需要，实现代际公平，又能与自然界共生共荣，协调发展。我国构建社会主义和谐社会，不仅要求人与人、人与社会的和谐，更重要的还有人与自然环境的和谐，而且只有首先实现了人与自然环境的和谐，才能更好地实现其他各方面的和谐，才能建设一个真正的和谐社会。[①]

循环经济遵循减量化原则，旨在用较少原料和资源的投入来达到预定的生产目的和消费目的，通过延长产品的服务寿命，来减少资源的使用量和污染物的排放量，通过把废弃物转为资源的方法，减少资源的使用量和

---

① 余建杰：《发展循环经济在构建社会主义和谐社会中的价值思考》，载《特区经济》2007年第6期。

污染物的排放量。循环经济的这些特点符合可持续发展的要求，具有可持续性、和谐性、需求性和高效性，而这一切正是我们解决经济发展过程中出现的一系列严重问题、化解各种不和谐因素所迫切需要的。因此，发展循环经济有利于促进人与自然的和谐，是构建社会主义和谐社会的重要保证。具体体现在以下两个方面：

1. 发展循环经济有利于构建和谐社会的物质基础

和谐社会应当是富裕社会，要提高构建和谐社会的能力，比加快经济发展，创造更多的物质财富，其核心是必须以经济效益为中心。发展循环经济是提高经济效益的重要措施，它以资源的高效利用和循环利用为核心，是对传统增长模式的根本变革。循环经济通过"资源—产品—废弃物—再生资源"的反馈式循环过程，可以更有效地利用资源和保护环境，以尽可能小的资源消耗和环境成本，获得尽可能大的经济效益和社会效益。

2. 发展循环经济有利于促进人与自然和谐发展

和谐社会是一个人与自然和谐相处的社会，自然包括资源和生态环境两个方面。一个和谐的社会不可能建立在资源枯竭和生态环境恶化的基础上，人与自然和谐相处，就是要寻求生产发展、生活富裕、生态良好的最佳结合点。大力发展循环经济，可将经济社会活动对自然资源的需求和生态环境的影响降低到最小程度，从根本上解决经济发展与生态环境保护之间的矛盾，促进人与自然的和谐发展。

（五）发展循环经济是实现可持续发展的主要途径

"资源—产品—污染物达标排放"是环境保护沿袭了几十年的传统做法。传统的经济发展模式，向自然过度索取，导致生态退化、自然灾害增多、环境污染严重，给人类的健康带来了极大的损害。"资源—产品—再生资源"则是将环境与经济行为科学地构建成一个严密的和封闭的循环关系。在这一体系中，资源与产品之间在符合大自然可持续发展规律的关系支配下，实现了生产废物的最大减量化、最大利用化和最大资源化。

可持续发展在世界性资源枯竭、环境恶化、发展潜力丧失的背景下形成，旨在促进人类之间以及人类与自然之间的协调统一和谐，消除资源环境在经济增长中的"空心化现象"，使人类社会和生态环境同时具有持续发展的全球性新型发展观，它是以人的发展为中心的经济社会和资源环境的全面拓展，使经济增长、人口控制、资源拓展、环境保护、生态改善、社会进步等和谐一致、协调同步。经济、生态和社会效益相互促进、共同提高的发展。它不是限制发展，而是实现合理的发展。如果我国继续沿用高消耗、高能耗、高污染的"三高"粗放型模式，必然对现有的资源和生态环境造成更大的浪费和破坏，严重阻碍了我国现代化建设速度，走循环经济之路，已成为我国可持续发展战略的必然选择。循化经济思想体现了可持续发展的理念，强调实现人与自然的和谐共生，要求人们在利用自然资源发展经济的过程中必须时刻注意保护环境。总之，发展循环经济是实现可持续发展的主要途径。

（六）发展循环经济是实施经济结构战略性调整的重要内容

实行经济结构的战略性调整，是我国经济发展的内在要求。经济结构调整的重点之一是将技术水平低、资源消耗大、环境污染严重、经济效益低的产业结构向技术水平高、资源消耗少、经济效益好且对环境影响小的结构转变，进而实现产业结构的优化和升级。[①] 为此，人们针对经济结构的调整提出了种种解决生态环境问题的办法，如"环境友好"、"绿色技术"、"清洁生产"、"零排放"、高效生产、废物回收利用、综合利用等。应该说，这些都有合理的成分，但是能够比较全面地表达人类解决资源、生态环境问题的最简洁的办法，还是循环经济。我们必须以循环经济理念指导我国经济结构的调整，以建设清洁生产企业、生态产业园区和循环型社会为重点，转变观念，加强法制，构建新型的经济发展模式。

---

① 刘荣章、翁伯琦、曾玉荣、张良强、许文兴：《农业循环经济发展的基本原则与模式分析》，载《福建农林大学学报（哲学社会科学版）》2006年第5期。

三　甘南州实行民族地区循环经济发展模式的可行性和必要性

（一）甘南州实行民族地区循环经济发展模式的可行性

依靠技术进步和加强管理，通过"减少、再利用和再循环"提高资源和能源利用效率，实现少投入、高产出、低污染。总体来讲，甘南州现在已具备了发展循环经济的基本条件。

1. 可持续发展已成为我国的发展战略

1996 年全国人大八届四次会议批准的《中华人民共和国国民经济和社会发展"九五"计划和二〇一〇年远景目标纲要》正式把可持续发展确定为国家的发展战略。从 1997 年开始，中央每年召开人口、资源与环境工作专题座谈会，可持续发展战略日益受到重视。同时，可持续发展战略体现在各级规划计划之中，全国各地也积极推进可持续发展战略的实施。我国对污染严重及治理无望的企业实行关、停、并、转。另外还加快了资源与环境保护的立法进度，制定、修改了一系列有关资源利用与管理以及环境保护方面的法律法规，初步形成了适合社会主义市场经济与资源保护的法律体系框架，使中国可持续发展战略的实施逐步走向法制化、制度化和科学化的轨道。可持续发展战略将会大力推动甘南州循环经济的发展。

2. 污染物总量控制制度将促使企业提高资源和能源利用效率

污染物总量控制制度是我国环境制度重要的思想变革，对过去主要以浓度标准为依据的环境管理制度的进一步完善。尽管我国的环境管理力度逐步加大，工业企业达标排放率及城市污水处理程度逐渐提高，但由于一方面我国的环境污染物排放总量远远超过环境的承载力，另一方面我国的环境排放标准偏低，即使所有企业均达标排放，也很难从根本上改善我国的环境质量。因此，在这种情况下，国家环境管理部门从"九五"期间就开始在全国执行主要污染物排放总量控制计划。对污染严重及治理无望的企业的关停并转和"一控双达标"等都是优化资源配置、节约总量资源的重要举措。甘南州各级政府及其有关部门已开始实施国家的污染物总量控制制度，并取得了显著成绩，为本地发展循环经济奠定了良好的基础。

3. 清洁生产能够实现生态环保与经济的"双赢"

清洁生产是指把综合预防的环境保护策略持续应用于生产过程和产品中，以期减少对人类和环境的危害。1993 年以来，全国 24 个省份不同行业的 200 多家企业进行了清洁生产。实践表明，实施清洁生产能够实现环保与经济的"双赢"。在国家政策的号召下，甘南州各地也实施了大规模的清洁生产模式的改革。这种清洁生产的新型生产模式以及在推行清洁生产过程中所取得的技术创新成果，都可以成为甘南州发展本地循环经济的技术条件。

4. 我国开展循环经济的实践探索取得了显著成效

一方面，在企业层面积极推行清洁生产。2002 年我国颁布了《清洁生产促进法》。目前，陕西、辽宁、江苏等省以及沈阳、太原等城市制定了地方清洁生产政策和规定。另一方面，在工业集中区建立由共生企业群组成的生态工业园区。这些园区都是根据生态学的原理组织生产，使上游企业的"废料"成为下游企业的原材料，尽可能减少污染排放，争取做到"零排放"，取得了社会、经济、环境效益的统一。另外，在城市和省区的循环经济试点工作也已经开展。目前我国已有 8 个省、35 个城市、300 多个地县开展了循环经济的试点。这些有益的探索将会为甘南州发展循环经济提供宝贵的经验。

（二）甘南州实行民族地区循环经济发展模式的必要性

1. 发展循环经济是甘南州生态环境的客观需要

甘南州经济发展落后，以传统的高消耗、低产出、高污染、低效益的粗放式生产方式来维持经济增长，造成了环境的不断恶化，陷入"越穷越垦，越垦越穷"的恶性循环中，生态环境更加脆弱，具体体现在以下几个方面：

（1）草地荒漠化现象日益加剧。近年来，在自然和人类社会经济活动的双重压力下，甘南州草原出现了严重沙化，新的沙漠源地正在形成。

草原沙化从 20 世纪 80 年代以后逐年加剧，从零星沙化演化为半荒漠化再变为典型的流动沙丘，沙化面积不断扩大。目前，草场面积退化已达到 1200 多万亩，占甘南州草场总面积的 20.38%。特别严重的是地方牧草高度由 25 厘米下降到 15 厘米。草地中度以上退化面积占草场面积的 50%，干旱缺水草场扩大到 300 万亩。

（2）水土流失更加严重。水资源环境恶化，水土流失日趋严重，甘南州内主要河流含沙量急剧增加，泥石流、滑坡地质灾害频发，群众人身财产安全受到严重威胁。20 世纪 80 年代初，甘南州水土流失面积仅为 80 万公顷，现在已扩大到 118 万公顷，20 多年就增加了 44.5%。每年河流年输沙量由记载的每年 34700 吨上升到 34860 吨，每年增加 160 吨。土壤年侵蚀量达到 69487 万吨。

（3）森林资源破坏严重。甘南州是甘肃省重要的林区之一，但是由于乱砍滥伐，使全州的森林资源也受到了前所未有的破坏。以前没有保护意识的大量采伐，加之采伐方式粗野，致使林线后移，像甘南主要林区洮河林区，森林覆盖率由 60 年代的 50% 下降到 90 年代末的 25.6%，林线普遍后移 8—20 公里，森林覆盖率比 20 世纪 50 年代下降了 35%。

（4）生物多样性减弱。目前全州仅存国家规定保护的野生动物 140 多种，而 20 世纪 70 年代尚有 230 多种。近年来，由于物种生存条件的恶化和近几年的滥捕、滥采致使野生动物种群大量消失，名贵植物、药材分布区域逐年缩小，生物多样性受到严重威胁。

正是基于以上原因，转变传统经济发展模式，寻求新的发展模式，实现甘南州经济发展与生态环境重建已经变得刻不容缓。要扭转甘南州生态环境脆弱的局面，必须树立和落实科学的发展观，走循环经济发展之路。

2. 可持续的经济增长方式要求甘南州发展循环经济

甘南州的经济增长呈明显的高投入、高消耗、低质量、低效益的粗放型特征，单位产值能耗也高于国家平均水平。这种传统的高消耗的经济增长方式，导致生态退化、自然灾害增多、环境污染严重，给人类的健康带来了极大的损害。同时，随着甘南州经济发展对资源的需求急剧上升及滥采乱挖现象不断增加等原因，资源量正在加速减少，严重威胁着当地社会经济的可持续发展。发展循环经济是甘南州实施资源战略，促进资源永续利用，保障国家经济安全的重大战略措施。循环经济倡导的是一种建立在物质不断循环利用基础上可持续的经济发展模式，使得整个经济系统，以及生产和消费的过程，基本上不产生或只产生很少的废弃物，从根本上解决了长期以来甘南州生态环境与经济增长之间的尖锐冲突。所以，我们要想从根本上预防甘南州自然资源的短缺与枯竭，并阻止灾难性的环境污染的发生，保持经济的可持续发展，推行可持续的循环经济发展模式就成为甘南州经济增长的必要前提基础。

3. 发展循环经济是提高甘南州资源利用效率的根本要求

甘南州矿产资源禀赋较差，森林面积日益萎缩，草原荒漠化严重，水资源短缺，多年的发展使得这些资源的产出量已接近极限。因此，提高甘南州资源利用效率成为促进甘南州社会经济进一步发展的必由之路。改革开放以来，甘南州通过大力调整经济结构，加快企业技术改造和加强管理，资源利用效率有了较大提高。但从总体上看，甘南州资源利用效率与我国中东部地区水平相比仍然较低，突出表现在：资源产出率低、资源利用效率低、资源综合利用水平低、再生资源回收和循环利用率低。实践证明，较低的资源利用水平，已经成为甘南州企业降低生产成本、提高经济效益和竞争力的重要障碍。发展循环经济，提高资源的利用效率，已经成为甘南州政府和当地人民面临的一项重要而紧迫的任务。甘南州经济要继续保持增长，必须在有限的资源存量和环境承载力条件下，通过循环经济建设，大力推行清洁生产，大幅度提高资源综合利用效率，才能从根本上转变传统的经济增长方式，实现从量的扩张到质的提高的转变，促进经济和生态环境的协调发展。

4. 发展循环经济是甘南州调整产业结构、扩大就业的有效途径

"十五"发展规划纲要中明确提出"坚持把结构调整作为主线"。甘南州的结构调整要立足本地实际情况，以提高经济效益为中心，转变经济增长方式、发展集约式经营，围绕增加品种、改善质量、节能降耗、防止

污染和提高劳动生产率，鼓励采用高新技术和先进适用技术改造传统产业，带动产业结构优化升级。循环经济所倡导的新理念正符合结构调整的原则，它要求摒弃粗放式经营方式，建立生态工业园，在企业中推行清洁生产，提高能源和原材料的使用效率，改进生产工艺和流程，对可能产生的污染进行全程控制。另外，它还带动了甘南州整个环保产业的发展，环保产业是循环经济体系的重要组成部分，也是国民经济和就业岗位新的强劲增长点，对于解决下岗职工的再就业和富余劳动力的就业问题具有十分重要的作用。

5. 发展循环经济是推动甘南州企业进行技术创新的动力

甘南州内的大多企业设备落后，技术更新过于缓慢，严重影响了企业效益的快速增长，同时也加剧了资源的浪费与环境污染。循环经济通过生产技术与资源节约技术、环境保护技术体系的融合，强调首先减少单位产出资源的消耗，节约使用资源，通过清洁生产，减少生产过程中的污染排放，通过废弃物综合利用、回收利用和再生利用，实现物质资源的循环使用。如果企业要发展循环经济，必然要开发新的节约能源、节约原材料的途径，这就要进行技术创新。而技术创新又是一个企业充满勃勃生机的原动力，也就是说，发展循环经济可以使企业找到新的利润增长点。

行文至此，我们不难发现，在甘南州实行循环经济发展模式有其可行性和必要性。甘南州是资源输出型的生态经济区域，仍然处于资源消耗型阶段。立足节约资源保护环境推动发展，把促进经济增长方式根本转变作为着力点，促使经济增长由主要依靠资源投入带动向主要依靠提高资源利用效率带动转变。由于历史的原因，该地区的社会经济发展水平仍处于不发达阶段。目前，甘南地区的经济发展仍然表现为三高一低，即高投入，高污染，高耗能，低产出。在传统的经济发展模式下，面临着耕地质量下降、环境污染严重，生态不断恶化等问题。所以，面对严峻的资源、环境、生态的压力，改变过去传统的经济发展模式已成必然。

四　循环经济发展模式在维护甘南州生态环境安全中的作用和具体表现

（一）循环经济发展模式在维护甘南州生态环境安全中的作用

1. 发展循环经济将从根本上减轻甘南州环境污染

目前，甘南州生态和环境总体恶化的趋势尚未得到根本扭转，环境污染状况日益严重。当前，我国解决环境问题的重要方式是末端治理，这种治理方式难以从根本上缓解环境压力。一方面，投资大，费用高，建设周期长，经济效益低，企业缺乏积极性，难以为继。另一方面，末端治理往往使污染物从一种形式转化为另一种形式。如废气治理产生废水、废水治理产生污泥、固体废物治理产生废气等，不能从根本上消除污染。大量事实表明，水、大气、固体废弃物污染的大量产生，与资源利用水平密切相关，同粗放型经济增长方式存在内在联系。

大力发展循环经济，推行清洁生产，可将经济社会活动对自然资源的需求和生态环境的影响降低到最小程度，以最少的资源消耗、最小的生态环境代价实现经济的可持续增长，从根本上解决经济发展与环境保护之间的矛盾，走出一条生产发展、生活富裕、生态良好的文明发展道路。

2. 发展循环经济可以促进甘南州生态环境的恢复

甘南州的生态环境相对比较脆弱，先天恶劣加之人为的破坏，使当地的生态环境成为发展经济的障碍。在这样的生态环境条件下，若继续采取传统的线性经济模式发展经济，势必进一步加剧对生态的破坏，经济发展也必然受到生态环境的约束。在甘南州发展循环经济，把清洁生产和废弃物的综合利用融为一体，它要求运用生态学的规律来指导人类的经济活动，按照自然生态系统物质循环和能量流动规律重构经济系统，使得经济系统和谐地纳入到自然生态系统的物质循环过程中。循环经济要求把经济活动组织成为"资源—产品—再生资源"的反馈式流程，所有的原料和能源都能在这个不断的循环中得到最合理的利用，从而使经济活动对自然环境的影响减少到尽可能小的程度。因此，只有转变经济增长模式，发展循环经济，才能使遭受破坏的生态环境得到恢复，使经济发展走上符合生态规律的正确轨道，最终实现经济社会的可持续发展。

3. 发展循环经济有利于实现甘南州社会、经济和生态环境的共赢

甘南州传统经济模式是通过高强度的开发资源，高消耗的利用资源以及把资源持续不断地变成没有再生利用的废物来实现经济的增长，忽视了社会经济结构内部各产业之间的有机联系和共生关系，忽视了社会经济系统与自然生态系统间的物质循环等规律。而循环经济是以协调人与自然关系为准则，模拟自然生态系统运行方式和规律，实现资源的可持续利用，使经济增长与资源节约、环境保护有机结合，抛弃了"先污染，后治理"的传统增长模式。这样的发展模式是符合甘南州生态环境承受能力的模式，是一条可持续发展途径，充分体现了甘南州生态环境重建的内在要求。因此，循环经济有利于整合甘南州经济、社会和资源环境的协调发展，有利于实现甘南州社会、经济和生态环境的共赢。

4. 循环经济可以在一定程度上改变甘南州传统的生产观念和生产方式，形成良好的生态文明状态

长期以来，由于不合理、不文明的生产活动和消费方式，使甘南州地区环境污染极为严重，每年都造成了巨大的经济损失，这种情况在全国其他地区也是普遍存在的。因此，通过发展循环经济，在全社会倡导一种节约资源和能源的生产方式和消费方式，有利于改变人们的生产观念、行为习惯和生存方式，形成经济社会协调发展、人与自然和谐相处的可持续发展的人类文明状态。

（二）循环经济发展模式在维护甘南州生态环境安全中的具体表现

1. 以循环经济为指导，大力发展生态农业

农业与自然生态环境紧密相连、水乳交融、密不可分的"先天条件"，使农业经济系统更易于和谐地纳入到自然生态系统的物质循环的过程中。循环经济要求从根本上协调人类与自然的关系，促进人类可持续发展。农业与人类自身消费相当贴近，发展以生态农业建设为基础、开发无公害农产品与绿色食品为目的的渐进式循环经济发展模式，要充分发挥地

区资源优势，依据经济发展水平，全面规划、合理组织农业生产，对中低产地区进行综合治理，对高产地区进行生态功能强化，实现农业高产、优质、高效、持续发展，达到生态与经济两个系统的良性循环和经济、生态、社会三大效益的统一。所以，甘南州应该立足自身特点，区分不同区域，围绕特色农业生产，从发展生态农业的观点出发，大幅度降低农药、化肥使用量，控制农业面源污染，推进农业标准化生产，促进绿色认证、原产地认证和无公害认证工作。例如，充分利用甘南州海拔高，气候冷凉，昼夜温差大，病虫害发生轻微，土壤有机质含量高，地上、地下水丰富，极适宜生产脱毒马铃薯种薯的优势，建设甘南州脱毒马铃薯种薯繁育科技示范园，开展脱毒苗的组织培养，引进脱毒马铃薯种薯新品种、新技术，推广扩大基地规模，使脱毒马铃薯种薯繁育向绿色、有机、无污染方向发展，形成脱毒马铃薯种薯产业。

2. 以循环经济为指导，大力发展生态畜牧业

转变甘南州畜牧业生产方式，对草场实行轮封、轮牧，发展舍饲畜牧业，推进适度规模养殖的发展，改变由于超载过牧造成的大面积草原退化，实现草原生态与畜牧业的动态平衡。同时，加强退耕还草，将甘南州不适于耕种的土地发展为人工草场，对已经退化和品质较差的部分天然草场进行人工改良，改造成割草场，发展人工草产业，从而有力支撑舍饲养殖，有效缓解畜牧业发展对草原生态系统的压力，改善草原生态环境。甘南州属高寒气候，低温期较长，适宜推广暖棚养殖。暖棚养殖是指在寒冷的季节给开放式或半开方式畜禽圈舍上扣盖一层塑料薄膜，充分利用太阳能和畜禽自身所散发的热量，提高舍内温度，减少热能损耗，降低维持需要，提高畜禽生产性能和养畜经济效益。采用暖棚养殖可用较少的投入获得与用密闭式圈舍饲养畜禽相同的效果，从而可降低畜禽死亡率，节约饲料。

3. 以循环经济为指导，大力发展新型生态工业

工业是推动一个地区经济发展的重要动力，新型生态工业则是甘南州循环经济产业体系的核心。甘南州立足本地特色种植业和养殖业，发展农

牧产品加工产业循环体系。一方面，努力发展农产品加工生态产业，例如，基于自然条件和民族背景的藏青稞种植，是甘南州传统优势产业，以藏青稞为主要原料的酿酒产业具有良好的基础。藏青稞作为原料入窖发酵蒸馏，生产系列藏酒，产生的酒糟等副产品可以作为原料生产含酶饲料和生物活性有机肥，饲料可用于动物养殖，而有机肥则用于农业生产，为酿酒提供绿色无污染的原料。同时，酿造过程中的废水经过回收处理后循环用于生产过程和农业灌溉，形成了藏青稞绿色生产体系。另一方面，努力发展畜牧业产品加工生态产业，例如，甘南州白牦牛与高山细毛羊饲养规模比较大，这就为畜牧产品加工提供了原料支撑。所以，当地政府应大力扶植一批龙头企业进行白牦牛、高山细毛羊等特色畜产品的屠宰、绿色肉食品系列产品生产以及毛、皮产品的综合加工，进而形成以绿色食品加工为产业链核心的白牦牛、高山细毛羊产业体系。

4. 以循环经济为指导，大力发展环保型第三产业

在甘南州综合开发以独特自然风光和特色民族风情为基础的旅游资源的过程中，甘南州应采用建设污染处理工程、选用节能环保设备、加强废物的回收利用、严格绿色管理、提倡绿色服务、鼓励绿色消费等手段，对甘南州餐饮、饭店等服务行业进行环境友好型改造，减少其对生态环境的影响，切实保护甘南州自然资源和生物的多样性，维持资源利用的可持续性，实现旅游业可持续发展。同时，甘南州还应当加大绿色消费的宣传力度，引导和鼓励社会团体、企事业单位和居民家庭积极参与绿色消费，购买和使用资源节约型商品和带有循环标志的商品，减少过度消费，增强反复利用和多次使用意识，尤其是节约使用水、电、纸张等资源性产品；从环保设施、环境治理、参与环保活动和社会公益事业方面入手，积极引导村镇、社区、宾馆、学校等创建绿色单位，从而使全社会形成绿色生产、适度消费、环境友好和资源节约利用的良好氛围。

5. 以循环经济为指导，努力做好废弃物和污染物的处置与循环利用

甘南州生态环境较为脆弱，废弃物和污染物的处置与循环利用，是该地区保护生态环境的重要途径。首先，应当促进废弃物回收利用。甘南州

应当尽快实施城乡生活垃圾分类回收，完善现有垃圾分类、收集和运输系统，建立覆盖全区的回收、分拣和加工利用的废品回收利用网络，实现生活废弃物的直接再利用或再生循环利用，对于最终不能回收利用的废弃物，则进行无害化处理。其次，强化甘南州污染物达标排放监管措施，实施排污权交易制度和排污许可证制度，预防经济系统尤其是工业生产系统"废气、废水、废渣"的过量排放。再次，加强甘南州水资源的节约利用，着力建设节水型社会，调整产业结构及种植结构，调整生产、生活、生态用水比例，逐步压缩农业用水，扩大生态用水。建立水资源监测和调度管理信息系统，实行水资源统一管理和调度。最后，将甘南州农业生产过程中的副产品农作物秸秆，通过加工处理变为有用的资源加工利用，实现秸秆资源化（肥料化、饲料化、原料化、能源化），消解对环境的污染和生态破坏。

6. 以循环经济为指导，努力做好生态系统的保护与重建

自然生态系统的保护和重建是人类进行生产活动的前提。甘南州应以循环经济为指导，努力做好生态系统的保护与重建。为此，应做好以下几个方面的工作：（1）对现存的维持甘南州生态平衡的天然林进行封育保护，严禁乱砍滥伐，实施天然林保护工程。（2）创新甘南州放牧制度，对天然草场实行划区轮封、轮牧，限制放牧强度、制止超载过牧，对过度放牧的草场采用围栏封育，逐步改善区内的天然草场，在保留大部分天然草场的情况下，对已经退化和品质较差的部分天然草场进行人工改良，遏制草原"三化"趋势。（3）加强甘南州植被保护，减少水土流失，控制地下水的开采，防止土地沙漠化。（4）加快甘南州实施退耕还林、退耕还草工作，对土壤贫瘠，作物产量低的地方，宜林耕地大力营造水土保持林和水源涵养林，恢复和扩大森林资源。适宜种草的地区，通过退耕还草，加快人工草场的发展，扩大草原面积，改善生态环境。

第三节　推行绿色 GDP 核算体系

一　绿色 GDP 核算体系的基本内涵

（一）绿色 GDP 核算理论的提出

现行 GDP 起源于 20 世纪 30 年代。当时，许多自然资源的国际价格极低，环境的恶化还未受到人们的重视，加之人们对自然资源的有限性认识不足，所以，在当时的国民经济核算中，GDP 只反映人类的经济活动及其成果，而对由于人类活动造成的环境变化和生态资源的破坏则没有明确的记录。按照过去的核算方法，GDP 的增长有很大一部分是以牺牲环境为代价而取得的。这样，用 GDP 来衡量一个国家的实际所得就很不确切。

20 世纪 50 年代以来，随着国际环保运动的兴起和发展，可持续发展理念逐渐深入人心。一些经济学家和统计学家开始探索把环境因素纳入国民经济核算体系，即在已有的 GDP 指标基础上加上一些环保和社会指标。1972 年，两位美国学者詹姆斯·托宾和威廉·诺德豪斯提出"净经济福利"指标。他们主张应该把都市中的污染等经济行为所产生的社会成本从 GDP 中扣除；同时，加进去被忽略的家政活动、社会义务等经济活动。罗伯特·卢佩托则在 1989 年制定了净国内生产总额统计表格。1990 年，墨西哥在联合国的支持下，将资源环境的核算编成实物指标数据，并通过评估将其转化为货币数据。印度尼西亚、泰国等发展中国家也开始仿效。1993 年由联合国统计机构出版的《综合环境与经济核算手册》，不仅提出了生态国内产出的概念，而且通过对国民核算体系中的标准账户加以分解，将实物量核算与货币量的核算连接在一起，计算出环境成本并从 GDP 中扣除，得到绿色 GDP。总之，"绿色 GDP"的提出，是国民收入核算体系及理论的重大突破。

自从 1987 年联合国世界环境和发展委员会提出了"可持续发展"概

念之后，我国也开始了绿色 GDP 核算理论研究。从 1987—2003 年，国家环境保护总局和国家统计局组织了重要相关课题的研究。2000 年，我国与世界银行合作开展中国环境污染损失评估方法研究；2003 年，建立国家中长期环境经济模拟系统研究以及环境经济投入产出核算表，自然资源实物量核算表等；2004 年 9 月，在国家环保总局、国家统计局召开的中国资源环境经济核算体系框架论证会上，专家论证了《中国资源环境经济核算体系框架》和《基于环境的绿色国民经济核算体系框架》，这标志着中国绿色 GDP 核算体系框架已初步建立。

（二）绿色 GDP 核算的含义

绿色 GDP 是一个动态的概念，它随着生产力水平的提高、科学技术的发展和社会的进步而不断改变，当前的绿色 GDP 只能按照当代的"绿色"标准作出界定。① 绿色 GDP 是指从 GDP 中扣除自然资源耗减价值与环境污染损失价值后的剩余的国内生产总值。这一价值被统计学者称为持续发展的国内生产总值（简称为 SGDP）。而我国统计学者，则将其称为绿色 GDP。据上所述，绿色 GDP 的计算，可用公式表述如下：绿色 GDP = GDP − 自然资源的损耗价值 − 环境污染的损耗价值，绿色 GDP 反映了一个国家和地区包括人力资源、环境资源等在内的国民财富，实质上代表了国民经济增长的净正效应。因此，绿色 GDP 的发展速度快于 GDP 的发展速度，就是节约与优化自然资源利用与减少或未发生环境污染的标志，这样的经济发展有利于人类社会持续发展。反之，若绿色 GDP 的发展速度慢于 GDP 的发展速度，则使资源耗减价值与环境污染损失加大，从而不利于人类社会持续发展的标志。绿色 GDP 与 GDP 相减，既可以是正值，也可以是负值。如果一个国家和地区对环境资源保护得力，森林蓄积量不断增加，环境污染消耗降低，事故减少，那么绿色 GDP 要比传统 GDP 大，这就是可持续发展的经济；反之，则是不可持续发展的经济。②

---

① 鞠志萍：《关于绿色 GDP 核算的研究》，载《改革与战略》2006 年第 4 期。
② 李德水：《实现绿色 GDP 核算还缺"度量衡"》，载《科学时报》2005 年 5 月 27 日（第 3 版）。

可以说，绿色 GDP 概念的提出，强调了人与自然的和谐发展。通过将环境污染与生态恶化造成的经济损失货币化，能使人们懂得：资源有价，环境有价，并从中清醒地看到经济开发活动给生态环境带来的负面效应，看到伴随 GDP 的增长付出的环境资源成本和代价，并有助于我们找到经济发展和环境保护、有效利用资源的最佳结合点，从根本上改变党政领导的政绩观，推动经济由粗放型增长模式向低消耗、低排放、高利用的集约型模式转变，从而真正把可持续发展战略落实到经济建设的各个领域。绿色 GDP 不是 GDP 的补充与完善，它是国民经济核算体系的根本性革命，它标志着人类进入了一个更加文明和高级的新阶段。

（三）绿色 GDP 核算的原则

绿色 GDP 是测算一国经济活动为其国民带来多少有益成果的指标，是反映经济可持续发展成果的指标。所以，在其测算时，要遵循可持续发展的原则来进行核算，即促进经济可持续发展的成果要计入绿色 GDP，而破坏经济可持续发展的活动成果应从现行 GDP 中扣除。[①] 由于人类的经济行为和非经济行为导致环境恶化，若这些行为引起的经济后果已计入现行 GDP，在核算绿色 GDP 时，应从现行 GDP 扣除，若没有计入现行 GDP 的，也不计入绿色 GDP 中。如若这些行为的后果能促进环境好转或至少不使环境恶化，已计入现行 GDP 的同时也计入绿色 GDP 中，没有计入现行 GDP 的应计入绿色 GDP 中。这样，绿色 GDP 真实反映经济可持续发展的成果，才能为可持续发展战略及政策的制定提供合理的依据。[②]

（四）绿色 GDP 核算的特点

1. 绿色 GDP 是核心指标发展的新阶段

在社会生产力发展水平的不同阶段，反映生产成果的核心指标是不同的。从我国历史看，核心指标的演变过程是：农产品阶段、工农业总产值阶段、社会总产值阶段、国民收入阶段、GDP 阶段，前三个阶段是物质

---

① 李德水：《实现绿色 GDP 核算还缺"度量衡"》，载《科学时报》2005 年 5 月 27 日（第 3 版）。

② 曹宗泉、王树凤：《绿色 GDP 核算初探》，载《统计科学与实践》2006 年第 6 期。

生产核心论阶段，到了 GDP 阶段就将非物质生产纳入核心指标，为的是强调物质生产活动与非物质生产活动的和谐发展。绿色 GDP 在人类历史上第一次将纯自然因素也纳入核心指标，为的是强调人与自然的和谐发展。所以绿色 GDP 与 GDP 的区别是本质性的，它表明社会经济统计核心指标发展的一个崭新阶段。

2. 绿色 GDP 扩大了生产成本的计算范围

以往的生产活动只限定在"人类活动"的范畴，生产成本只统计有人类活动痕迹的东西，对非人类活动产生的纯自然物（如空气、地下水、山体等）是不计入生产成本的。如煤矿的生产成本只包括实物成本（如原材料、燃料、动力）、服务成本（如运输费用、电信费用）、资金成本（如利息）和人工费用等，这些成本要素都不是纯自然物品，在这里，纯自然的物品（如煤矿所在地的地下水、空气、地表植被等）是不直接计入生产成本的。[①] 绿色 GDP 突破了传统生产成本的界限，将对自然界的资源耗减也计入生产成本，试图用增大生产成本的方式来引起生产者对自然环境的重视，从而降低生产活动对自然环境的破坏。

3. 绿色 GDP 突破了原有的生产核算理念

绿色 GDP 代表了新的生产方式的转变，强调了人与自然的和谐，与传统生产方式下指标概念有着本质的区别，绿色 GDP 与 GDP 的区别实际上远大于 GDP、国民收入、社会总产值三者间的区别，因为后三者都是传统生产方式下的范畴，是纯人类活动统计的概念，而绿色 GDP 是新生产方式下强调人与自然和谐统一的概念，是对固有的生产方式理念的一种突破。[②]

4. 绿色 GDP 反映了社会生产的"纯成果"

以往对生产活动的统计，只注重正面作用的统计，其统计结果实际上是"毛"收入的概念，绿色 GDP 顾及了正反两方面的作用，是"纯"收

---

① 绿色 GDP 课题组：《一定将绿色 GDP 核算坚持到底》，http://www.qzkcss.gov.cn/show/id/44516/db/1，2006 年 12 月 27 日。

② 曹宗泉、王树凤：《绿色 GDP 核算初探》，载《统计科学与实践》2006 年第 6 期。

入的概念，反映了社会生产的"纯成果"。

（五）绿色 GDP 核算的内容

绿色 GDP 的核算涉及面很广，主要包括如下内容：[①]

1. 土地资源、矿产能源资源、水资源、森林资源的价值核算

这些资源的现行市场价格是建立在资源无偿占用，永续不竭基础上的，没有包含资源所有者权益价格、时间调节系数和环境调节系数，资源价格明显偏低，从而降低了经营者的资源消耗成本，虚增了经营者利润，这部分虚增利润应从 GDP 中扣除。

2. 生态环境的耗减核算

因生产和生活的消耗及大自然自身的侵蚀，导致环境的物质总量的耗减，这些耗减意味着原有的社会财富积累的净减少和未来生产潜力的降低，由此增加的产值是虚假的，应从 GDP 中扣除。

3. 生态环境损失成本的核算

因对生态环境的不合理耗用或缺乏有效保护措施及因对生态环境的人为污染和破坏导致生态环境质量的日趋恶化，而对整体生态环境的可持续发展造成的直接经济损失和潜在损失，它直接引起社会财富的减少，亦应从 GDP 中扣除。

4. 生态环境的恢复成本、再生成本和保护成本的核算

生态环境的恢复成本、再生成本和保护成本的发生并没有导致生态环境质量的提高或数量的增加，只是使生态环境保持或恢复到原有的水平，因此，没有创造新的社会财富。这些成本都是为了保护环境资源免遭耗减和恶化而产生的，是一种价值牺牲，在现行 GDP 核算中已得到真实而恰当的反映，因而不需要再作调整。

5. 生态环境的改善收入和绿色收入的核算

这些收入是指国家和企业开展以保护和改善环境资源为宗旨的绿色管

---

① 绿色 GDP 课题组：《一定将绿色 GDP 核算坚持到底》，http://www.qzkcss.gov.cn/show/id/44516/db/1，2006 年 12 月 27 日。

理及绿色生产运动而给人类、自然、社会、企业带来的绿色收入。它是因资源环境的数量增加和质量提高带来的，是国民财富的净增加值，因此应作为影响 GDP 的增加项目。

二　绿色 GDP 核算体系的功能

（一）绿色 GDP 是可持续发展的前提条件

绿色 GDP 的要旨在于推动社会经济的可持续发展。将经济建设和生产、消费行为对资源、环境的影响引入 GDP 核算，建立绿色 GDP 理念，开展绿色 GDP 核算，以绿色 GDP 指标衡量经济发展，将有利于推动经济和社会的可持续发展，有利于真实衡量和评价经济增长活动的现实效果。在实际经济活动中，一方面，一些企业只注意自身发展的直接成本和增加值，无视其经济活动对资源和环境的巨大破坏，形成了所谓的市场失灵；另一方面，宏观调控管理部门在实施宏观调控时需要对经济的真实运行状况进行分析和判断，有必要从社会层次上对社会成本进行补充核算；以绿色 GDP 作为衡量经济增长的标准，既可以有效约束各个经济行为主体的扩张冲动，又为经济增长提供可持续的内在动力。因此，绿色 GDP 在宏观、微观领域的应用和推广是实施可持续发展的前提条件，离开这一理念的树立，可持续发展就成为一句空话。

（二）绿色 GDP 是发展循环经济的核算基础

绿色 GDP 的内涵是人与自然的和谐，是健康的经济增长。绿色 GDP 就是传统 GDP 减去产品资产折旧，减去自然资源损耗，再减去污染损失。它反映一个国家和地区包括人力资源、环境资源等在内的国民财富，实质上代表了国民经济增长的净正效应。绿色 GDP 占 GDP 的比重也可以表明国民经济增长的正负效应高低，比值越高，说明正面效应越高，负面效应越低；反之则反之。

绿色 GDP 是发展循环经济的核算基础。循环经济的本质是以生态学规律为指导，使不同企业间形成共享资源和互换副产品的产业共生组合，使一个企业生产过程中产生的废弃物成为另一个企业的原材料，实现废物综合利用，达到产业间资源最优配置，使区域物质在经济循环中得到持续利用，从而实现"低开采、高利用、低排放、不污染"的可持续发展目标，走出一条科技含量高，经济效益好，资源消耗低，环境污染少，人力资源优势得到充分发挥的新型工业化路子。[①]

（三）绿色 GDP 是落实科学发展观的重要途径

落实科学发展观，必须对单纯追求 GDP 这一有误的经济活动"指挥棒"进行调整和修正，将环境资源核算纳入其中，实行绿色 GDP 核算。随着环境、资源问题的日益突出，我们开始逐渐认识到"有增长不一定就有发展"。增长和发展都必须付出一定的环境代价，这种代价就是"生态成本"。绿色 GDP 是对 GDP 的一种调整与完善，可以引导人类社会更理性地发展。绿色 GDP 要求经济发展与环境保护、有效利用资源紧密结合，成为贯彻落实科学发展观的一个切入点。实行绿色 GDP，对于落实科学发展观，至少能发挥以下两个方面的作用：

1. 遏制作用

实行绿色 GDP 核算，可以迫使地方政府和企业不得不放弃传统的高投入、高消耗、高污染的经济增长方式。因为，自然资源的消耗越高，生态环境的破坏越严重，绿色 GDP 的数值就越小，政府的政绩或企业的效益就越差，从而能够有效地迫使他们改弦更张，转变发展观，采取相应的经济、技术措施去转变经济增长方式，逐步走上可持续发展的正确轨道。

2. 激励作用

以绿色 GDP 考核经济活动的业绩，可以大大鼓舞那些率先倡导、推行低消耗、低污染经济增长方式的地方政府和企业。因为，自然资源消耗越少，环境污染越轻，绿色 GDP 数值就越大，政府的政绩和企业的效益就越显著。这就能够坚定他们的决心和信心，激励他们进一步推广和采取清洁生产、循环经济等科学的、先进的经济技术措施，去更好地保护自然资源和生态平衡，把环境污染降到最低程度，把经济发展真正建立在合理

---

① 曹宗泉、王树凤：《绿色 GDP 核算初探》，载《统计科学与实践》2006 年第 6 期。

利用自然资源和有效保护生态环境的基础之上。

（四）绿色 GDP 是建立节约型社会的关键

绿色 GDP 不仅能反映经济增长水平，而且能够体现经济增加与自然保护和谐统一的程度，尤其对我国建立资源节约型社会意义十分重大。近几年来，我国由于片面追求 GDP 的增长，一些地区在发展问题上把以经济建设为中心变成以 GDP 为中心，致使很多地区出现了环境和生态为经济建设"让路"的现象，有的地方甚至以牺牲环境为代价实现经济增长，造成环境的持续恶化。而绿色 GDP 是在现行的 GDP 中对环境资源进行核算，从中扣除环境成本和对环境资源的保护费用，同时考虑外部影响，包括外部经济性和外部不经济性，依此来衡量扣除自然资源损失后的真正的国民财富。一个国家的宏观决策离不开统计数据的精确性，而精准的统计数据又来源于科学的国民经济核算体系。因此，若采用绿色 GDP 核算体系后，经济增长率就能够较好地接近实际财富，较好地反映节约型社会的经济发展情况，能够为我国制定节约型社会的经济发展规划或政策提供更可靠的数据依据，是构建节约型社会的关键。

三 绿色 GDP 核算体系对维护甘南州生态环境安全的有效性

（一）转变政绩考核指标，提高当地政府的生态环境管理水平

在甘南州 GDP 核算中，传统的 GDP 由于对当地政府工作业绩考核的压力和社区发展水平评价的误导，不能正确反映当地居民的生态贡献从而获得政府财政转移支付、外部经济补偿、市场等价购买的回报，已成为影响甘南州生态保护、小康建设、人民致富的间接压力。

在甘南州干部政绩考核中，是以单纯的 GDP 增长为衡量标准，导致有些官员为了有良好的政绩，片面追求 GDP 的增长速度，而忽略那些对 GDP 的增长拉动作用不大但对人民生活有重大影响的经济活动。在甘南州推行绿色 GDP 核算，可以在相当程度上纠正传统 GDP 作为政府工作业绩（政绩）指挥棒的扭曲性。绿色 GDP 可以使当地居民为生态环境作出的贡献得到正确评价，并为补偿和致富提供理论依据。当我们采用绿色

GDP 统计系统后，从数字上看，经济增长率必然要下降，但与实际财富和经济发展实际情况更为接近。当地政府对各种资源的使用情况将更为清晰明了，为制定地方环境保护计划或政策提供更可靠的数据依据，而这一切必将大大提高甘南州各级政府及其相关部门的环境管理水平。

（二）促进甘南州经济、社会、环境的协调发展

绿色 GDP 包含经济增长、社会发展、环境保护三大核心内容，三者之间的关系是相互制约、相互促进、相互协调的。这就要求我们在推动社会发展时，必须既要遵循经济规律、社会规律，还要遵循自然规律，而且后者更为重要。同时，必须既要考核经济、社会、人口的承受力，又要考核资源的支撑力，生态环境的承载力。因此，要有效地保护甘南州日益恶化的环境，维护当地的生态环境安全，就必须要强化甘南州经济效益、社会效益与环境效益相统一的效益意识；必须强化甘南州的环境就是资源，环境就是资本，保护环境就是保护生产力，改善环境就是发展生产力的环保意识；必须树立和强化甘南州经济指标、人文指标、资源指标和环境指标全面发展的政绩意识。同时，由于环保指标列入在绿色 GDP 的核算体系里，因而也就在制度上、机制上得到了保障，这对于促进甘南州环保与经济、社会的协调发展起到至关重要的作用。

（三）有利于增强当地群众的环境保护意识

甘南州以往单纯追求 GDP 的增长，盲目追求眼前的短期利益，给经济的发展带来了极大的负面效应。这种负面效应之一是无休止地向生态环境索取资源，使生态资源从绝对量上逐年减少。同时，只重视 GDP 的增长，给经济的发展带来的另一个负面效应是人类通过各种生产活动向生态环境排泄废弃物或开发资源，导致生态环境从质量上日益恶化，使甘南州的资源、环境的形势非常严峻。在甘南州实行绿色 GDP 核算，可以使人们认识到环境因素的重要性，从而遏制能源和原材料高消耗、高污染、高排放行业的发展，有利于环境的改善和保护。绿色 GDP 核算体系一旦建立，环境与资源保护意识就会深入人心。

（四）有利于合理有效利用各种资源

由于甘南州在政绩考核中片面地追求经济增长，不注意合理利用自然资源和保护环境，过度放牧，造成草地沙化，草原面积减少；过度采伐树木，造成森林面积下降，水土流失严重；过度开发水资源，导致江河断流；过度排放污染物，造成水流污染，空气质量下降。为此，甘南州各级政府投入了大量的人财物来治理。如果在甘南州实行绿色 GDP 核算，政府和企业经营者就会从成本考虑不会开办或停办污染环境严重的企业，当地政府也不必为此而付出这么多治污资金，企业更不会因被政府关停带来设备、资金的损失；当地农村对一些劣质农产品或作物就因没有效益而不种，而优质、高效、生态化的农产品将成为被自觉选择的对象，使甘南州的农、林、牧业走上良性循环的发展道路。可见，在甘南州实行以绿色 GDP 为核心指标的经济发展模式和国民核算新体系，将更有利于合理有效利用甘南州各种资源，有利于保护资源和环境，促进资源可持续利用和经济可持续发展。

四　推行绿色 GDP 核算体系在维护甘南州生态环境安全中的具体表现

（一）绿色 GDP 核算可以增加甘南州社会资产的积累，为维护当地生态环境安全提供资金支持

改革开放 30 多年来，甘南州的 GDP 在逐年增高，每年 GDP 的增长在一定程度上反映了当年新增多少财富。但 GDP 是一个流量概念，资产是一个存量概念，是指一共有多少财富，一个地区的贫富主要是看资产的存量。近年来，甘南州 GDP 在增加的同时财富损失也快。当地各级政府没有强烈的财富积累意识，一些地方政府只注重 GDP 的增量。如许多房屋及设施（包括基础设施），政府和企业在建设时，缺乏科学的论证，新建起来后没有几年又拆掉，对历史文化遗产也没有做到很好的保护，对自然资源更是掠夺性开发，这些对当地社会财富却是负积累。这样，当地的总财富并没有得到有效积累。一旦采用绿色 GDP 核算系统，

就必然促进各级地方政府的官员对财富的积累加以重视，树立起资产积累意识。在当地社会资产增加的情况下，维护当地生态环境安全也就有了资金的支持。

（二）绿色GDP核算可以为甘南州群众创造一个绿色清洁的生活环境

社会主义市场经济生产的目的就是最大限度地满足人们物质和文化生活的需要，为人们创造一个清洁优美的生活环境，不断提高人们的生活质量。由于传统GDP不反映环境缓冲能力下降、自然能力下降和抗逆能力下降，未计算入一些社会行为的破坏性后果，无法真实反映社会经济发展全貌。绿色GDP指标体系是对目前的GDP评价进行补充和完善，如果某个地区生态建设和环境保护好，其绿色GDP指标就比较高，哪个地区的绿色GDP指标高，说明那里的生态建设和环境保护好。所以，实行绿色GDP核算，可以促使经济主体在发展经济的同时保护生态。绿色GDP将为人们创造一个绿色的生活环境，为当地群众的健康生活作出贡献。

（三）绿色GDP核算可以有效抑制甘南州环境事件的发生

绿色GDP核算有着很好的预警功能。在绿色GDP核算体系下，人们能够准确把握住自然资源的消耗与环境污染的具体指标，对于可能出现的环境事件做到心中有数，为政府决策提供科学的导向和依据。同时，根据绿色GDP所提供的数据，提前进行相应的纠正与补足，可做到防患于未然，有效抑制环境事件的发生。

（四）绿色GDP核算可以有效抑制甘南州经济发展中的"高投入"与"高排放"

绿色GDP将自然资源耗减价值与环境污染损失价值作为一个重要指标，必然激发地方政府和经济主体对生态环境保护的内在积极性，促使其自觉地将经济发展从"高投入、低效率、高排放"的粗放型增长模式向"低投入、高效率、低排放"的集约型增长模式的转变。

第四节　建立区域生态环境安全预警防范系统

一　区域生态环境安全预警防范系统的基本内涵

（一）区域生态环境安全预警防范系统的含义

生态环境安全是指一个生态系统的结构合理完整，功能完善无损，其显性特征是生态系统所提供的服务质量或数量的状态，当一个生态系统所提供的服务质量或数量出现异常时，则表明该系统的生态安全受到了威胁，即处于"生态不安全"状态，生态安全作为国家安全的组成部分，与政治安全、经济安全和军事安全有着紧密的关联，它为其他 3 类安全的实现提供了必要的保障。① 区域生态环境安全预警防范系统是指针对一定区域、一定时期的环境状况进行预测、分析和评价，确定环境质量变化的趋势、速度以及达到某一变化限度的时间等，按需要适时地给出变化和恶化的各种警戒信息及相应对策。因此，区域生态环境安全预警防范系统是一个多目标系统，不仅包含对某一时刻的报警，而且还包括某段时间变化趋势的报警，故有多种预警类型。

生态安全预警系统主要由生态预警、环境预警、生物安全预警组成。其中，生态预警主要是对维持生命系统要素的水、土、气、热及生物等资源本底值的变化进行预警，如森林覆盖率、草原植被、耕地保护、沙漠化率、荒漠化率、物种数量、物种质量及种群规模等；环境预警主要是人类活动对环境所造成的污染影响，以及环境质量变化对生态系统的逆向演替、退化、恶化过程的及时报警，并侧重于环境污染及土地利用变化影响；生物安全预警主要是针对外来有害物种入侵而言的。

---

① 李洪远：《构建滨海新区生态安全预警系统的对策》，载《港口经济》2007 年第 2 期。

（二）区域生态环境安全预警防范系统的特点

1. 集中性

区域生态环境安全预警防范系统着眼点和落脚点，不满足于对一般现状的分析，而突出其先觉性和预觉性。即预警集中在恶化过程、严重质量突变和恶化状态分析上，突出对其可能的危害作出警示。

2. 动态性

区域生态环境安全预警防范系统的取值是多维的，包括对时间系列变化速度的预测，质变点的预测等。对特定区域环境或某一环境因子，可以作出恶化趋势、恶化速度、恶化状态等若干种预警。①

3. 深刻性

区域生态环境安全预警的实现需要由评价和一般预测等大量前期工作做基础，只有在对环境质量现状演化趋势等的深刻认识的基础上才能实现。

因此，区域生态环境安全预警阐明的环境问题对揭示环境本质及变化规律更深刻、更准确，其对环境监督、管理的作用也就更大。

（三）区域生态环境安全预警防范系统的类型

1. 从研究的内容上来分：区域生态环境安全预警防范系统可以分为水环境、大气环境和生态安全等几大类，其中水环境和大气环境侧重于环境质量预警，生态安全侧重于生态承载力预警。

2. 从警情发生的状态上来分：区域生态环境安全预警防范系统可分为渐变型和突发型两类。前者是对环境指标进行短期或长期的预测并作出预警判断，后者是对瞬时出现的环境污染和生态破坏事件进行警报。

3. 从警情发生的程度来分：区域生态环境安全预警防范系统可以分为：（1）不良状态预警。对已处于恶化程度的环境作出预警，可以进一步分为较差状态预警和恶化状态预警。（2）缓慢恶化预警。对虽未达到

---

① 国家环境保护局：《国家环境保护"十一五"科技发展规划》，http://www.lawyee.net/act/act_display.asp? rid = 557791，2006 年 7 月 3 日。

恶化程度，但在不采取措施的情况下，会开始向恶化方向变化的环境状况作出预警。（3）迅速恶化预警。对从比较好或不坏的状态向恶化方向发展，且恶化趋势迅猛，有可能在短时间内达到恶化程度的环境作出预警。

（四）区域生态环境安全预警防范系统的构建原则

构建区域生态环境安全预警防范系统应按照以下原则进行:①

1. 综合性原则

区域环境是一个自然、社会和经济复合系统，无论是生态系统（母系统）与自然、社会和经济亚系统之间，还是各个系统内部都存在着复杂的关系。一个现象的变化往往引起关联因子的变化，一个子系统的变化也往往引起关联子系统甚至大系统的变化，因此，区域生态环境安全预警防范系统的构建必须贯彻综合性原则，从整体、系统的角度去探讨。

2. 层次性原则

生态环境是一个由复合系统（大系统）和不同层次的子系统以各种环境因子组成。因此，在考虑环境预警时候也区分大系统、子系统和预警因子的不同关系，突出重点，分层次进行。

3. 简单性和实用性原则

区域生态环境安全预警防范系统的构建是为区域开发、规划以及环境管理提供保障，因此，区域生态环境安全预警防范系统的构建要充分考虑到环境预警指标体系和模型的实用性，并要求容易操作，以体现简单性和实用性原则。

二　区域生态环境安全预警防范系统的功能

区域生态环境安全预警是根据收集到的信息情报资料、情况变化监测，对预测到可能发生事件的发生地域、规模、性质、影响因素、辐射范围、危急程度以及可能引发的后果等因素进行综合评估后，在一定范围内

---

① 国家环境保护局:《国家环境保护"十一五"科技发展规划》，http://www.lawyee.net/act/act_display.asp? rid＝557791，2006 年 7 月 3 日。

采取适当的方式预先发布事件威胁的警告，并采取相应级别的预警行动，最大限度地防范事件的发生和发展。[①] 通过对各类区域生态环境安全预警防范系统功能的归纳和总结，其主要表现在以下几个方面：

1. 监测功能：区域生态环境安全预警防范系统是通过对生态环境事件可能发生或多发生区的长期而有效的监测来反映事件的发展态势，并根据系统的定性指标、定量指标和评价指标等一系列指标，来决定采取的防范措施。

2. 参照功能：区域生态环境安全预警防范系统主要依靠定性指标、定量指标和评价指标等一系列指标进行运作。这些指标可以作为统一的具有共识的参照系来使用，使我们认识形势、判断发展状况、预测未来趋势都有一个统一的参照物即统一的尺度。

3. 评析功能：区域生态环境安全预警防范系统通过对目标区域的监测，并依据各项指标，对返回的数据和资料进行分析，从而对事件的态势进行评价。

4. 预测功能：区域生态环境安全预警防范系统通过对监测信息及数据的分析、跟踪、预测，发现现存的和潜在的问题，从而对事件的发展态势进行预测，在事件发生之前及时采取措施以防止或控制事件的发展。

5. 防范功能：该功能是区域生态环境安全预警防范系统"预"字的体现，也是它的特色所在。生态环境管理从时间上可以分为超前管理、同步管理和滞后管理。超前管理可以帮助人们及早发现问题，并把问题解决在萌芽状态，减少不必要的损失，而区域生态环境安全预警防范系统是人们实现有效超前管理的工具。

6. 控制功能：预警并不是终极目的，生态环境管理过程中，都存在着管理失衡、出现问题危机的可能性，我们不可能一下子或是永久解决各类环境事件，对已经发生的环境事件及时处理，提出建设性措施，并实现

---

① 王大明：《生态环境突发公共事件监测和预警系统》，载《中国科技信息》2007 年第 10 期。

反馈—调控—反馈的循环性运作，将突发环境事件的发展控制在正常状态下，避免造成更多的损失。

三　甘南州区域生态环境安全预警防范系统的综合评价指标体系

（一）甘南州区域生态环境安全的综合评价指标体系的原则

1. 科学性原则

这是确保评价结果准确合理的基础。城市生态安全评价活动是否科学很大程度上依赖其指标、标准、程序等方法是否科学，指标体系的科学性原则应包括以下 4 个方面：（1）特征性。指标应反映评估对象的特征；（2）准确一致性。指标的概念要正确，含义要清晰，尽可能避免或减少主观判断，对难以量化的评估因素应采用定性和定量相结合的方法来设置指标，指标体系内部各指标之间应协调统一，指标体系的层次结构应合理；（3）完备性。指标体系应围绕评估目的，全面反映评估对象，不能遗漏重要方面或有所偏颇，否则评估结果就不能真实、全面地反映被评估对象；（4）独立性。指标体系中各指标之间不应有很强的相关性，不应出现过多的信息包含、涵盖而使指标内涵重叠。①

2. 可操作性原则

指标体系并非越庞大越好，指标也并非越多越好，要充分考虑到指标的量化及数据取得的难易程度和可靠性，尽量利用现有统计资料，注意选择有代表性的综合性指标和主要指标。指标经过加工和处理，必须简单、明了、明确，容易被人所理解，通常以人均数、百分比、增长率、效益等表示，并具有较强的可比性、可测性。②

---

① 左伟：《基于 RS、GIS 和 Models 的区域生态环境系统安全综合评价研究——以长江三峡库区重庆市忠县为例》，http://cdmd. cnki. com. cn/Article/CDMD－10319－2002091906. htm，2002 年 9 月。

② 魏国孝、马金珠、赵华、黄天明：《甘肃省生态环境综合评价指标体系研究》，载《干旱区资源与环境》2004 年第 2 期。

3. 目的性原则

指标体系应是对评估对象的本质特征、结构及其构成要素的客观描述，应为评估活动目的服务，针对评估任务的要求，指标体系应能够支撑更高层次的评估准则，为评估结构的判定提供依据。目的性原则是建立指标体系的出发点和根本，衡量指标体系是否合理有效的一个重要标准是看是否满足评估目的。

4. 完备性原则

指标体系作为一个有机整体，必须有较广的覆盖面，能从不同角度描述区域生态环境的主要特征和状况，综合地反映出影响区域生态环境的各种因素。要做到全面准确，决不能用单一的某个指标，而必须建立综合的评价指标体系，尽可能多地采集信息，反映各方面的因素，适当加权择重评价，以实现综合系统优化、准确地评估。

5. 实用性原则

建立指标体系应考虑到现实的可能性，指标体系应符合国家政策，应适应于甘南州各级指标使用者对指标的理解接受能力和判断能力，适应于信息基础。生态安全评价活动是实践性很强的工作，指标体系的实用性是确保评估活动实施效果的重要基础。具体地，指标体系实用性包括以下两方面：（1）易于理解。在评估过程和评估结果使用中往往涉及多方面的人员，如评估者、咨询专家、管理者、决策者和公众，指标应易于理解，以保证评估判定及其结果交流的准确性和高效性；（2）适应于评估信息基础。与指标相关的信息应具有可采集性，并且可以通过各种方法进行结构化。

6. 动态性与静态性相结合原则

指标体系既要反映系统的发展状态，又要反映甘南州生态环境质量的演变序列和发展趋势，以便反映生态环境的动态变化。

（二）甘南州区域生态环境安全综合评价指标体系的内容

1. 生物丰富度指标

通过单位面积上不同生态系统类型在生物物种数量上的差异，间接地反映被评价区域内生物多样性的丰贫程度。生物多样性是生态系统最显著的特征之一，是地球上生命经过几十亿年发展、进化的结果。生物多样性是人类社会赖以生存和发展的基础，生物丰富度决定着生态系统的面貌，是反映生态环境质量最本质的特征之一。[①]

2. 植被覆盖指标

植被覆盖指标，是指被评价区域内林地、草地、农田建设用地和难利用地的面积占被评价区域面积的比重，用于反映被评价区域植被覆盖的程度。在地表生态系统的众多组成因子中，土地利用和土地覆盖状况是最直观的。[②]

3. 水网密度指标

水网密度指标，是指被评价区域内河流总长度、水域面积和水资源量占被评价区域面积的比重，用于反映被评价区域水的丰富程度。水在生态系统中具有重要作用，是生态系统物质流和能量流的重要载体，也是人类社会生活中不可缺少的物质。[③]

4. 环境质量指标

环境质量指标，是指被评价区域内空气质量、地表水水质、饮用水源地水质等环境质量现状，用于反映被评价区域环境质量的优劣。

5. 污染负荷指标

随着工业化和城市化的进程，大量的工业"三废"和生活废物、农业面源污染，造成了土地资源和水资源的污染，而且问题日趋严重。污染负荷指标，是指评价区域单位面积上接纳的污染物总量，反映被评价区域

---

① 左伟：《基于 RS、GIS 和 Models 的区域生态环境系统安全综合评价研究——以长江三峡库区重庆市忠县为例》，http://cdmd.cnki.com.cn/Article/CDMD － 10319 － 2002091906.htm，2002年9月。

② 魏国孝、马金珠、赵华、黄天明：《甘肃省生态环境综合评价指标体系研究》，载《干旱区资源与环境》2004 年第 2 期。

③ 左伟：《基于 RS、GIS 和 Models 的区域生态环境系统安全综合评价研究——以长江三峡库区重庆市忠县为例》，http://cdmd.cnki.com.cn/Article/CDMD － 10319 － 2002091906.htm，2002年9月。

所承受的环境污染压力。

6. 水土流失指标

水土流失指标，是指评价区域内水蚀、风蚀、重力侵蚀、冻蚀和工程侵蚀的面积占被评价区域面积的比重。人类不合理地利用土地资源，对生态系统产生的压力超过了生态系统的承载能力，生态系统功能不断衰退。

7. 灾害指标

灾害指数用于反映被评价区域内的地质灾害、农业自然灾害、森林病虫害发生情况，灾害指数反映了生态安全最本质的特征。

四　建立甘南州区域生态环境安全预警防范系统的内容

（一）建立完善甘南州区域生态环境安全预警防范系统的技术层

技术层主要实现外界信息的输入和预警信息的输出功能，即将监测到的环境信息输入到预警系统，经过系统处理后，以可视化的结果输出。甘南州区域生态环境安全预警防范系统技术层建立的程序如下：

首先，对区域生态环境状况进行调查，分析评价区域环境现状。然后，利用层次分析法等方法确定主要影响因子，建立环境安全预警系统的指标体系。根据指标体系，选择合理的数学分析模型，进行不同模型间耦合。同时，调用在信息技术支持下建立的为系统分析服务的各种数据库，进行环境预警过程模拟，形成在计算机帮助下的可视化模拟结果。最终，由模拟结果确定警戒级别和不同警戒级别下的各项环境质量指标，对区域环境发展趋势进行分析，找出影响其变化的主驱动力，以采取相应的预防或治理措施。[①]

（二）设计科学合理预防区间，确定预防分界点

在甘南州区域生态环境安全预警防范中，我们将整个甘南州区域生态环境分为 5 个区间，运用灯号显示模型的方法，划分预警区间，将预警区

---

① 赵伟民：《把握机遇，创新求实，迈好"十五"环境保护第一步——甘肃省环境保护局局长赵伟民在 2001 年全省环境保护工作会议上的报告摘录》，http://www.cqvip.com/qk/97251X/200102/5318740.html，2004 年 2 月 26 日。

间分为红、橙、黄、绿、蓝五个状态，具体操作如下：（1）红灯区间：生态环境受到严重破坏，生态系统结构残缺不全，功能丧失，生态恢复与重建很困难，生态环境问题很大并经常演变成生态灾害；（2）橙灯区间：生态环境受到很大破坏，生态系统结构破坏较大，功能退化且不全，受外界干扰后恢复困难，生态问题较大，生态灾害较多；（3）黄灯区间：生态环境受到一定破坏，生态系统结构有变化，但尚可维持基本功能，受干扰后易恶化，生态问题显现，生态灾害时有发生；（4）绿灯区间：生态环境较少受到破坏，生态系统结构尚完整，功能尚好，一般干扰下可恢复，生态问题不显著，生态灾害不大；（5）蓝灯区间：生态环境基本未受干扰破坏，生态系统结构完整，功能性强，系统恢复再生能力强，生态问题不显著，生态灾害少。①

　　通过各具体因素数据的调查、测量、收集、计算可以得出甘南州区域生态环境预警总指数，以此判断生态环境系统运行状态，利用生态安全预警指标体系，我们可以时刻监视环境的状态，也可以掌握其发展的态势，适时引导区域内的生产生活行为。

　　（三）甘南州生态环境安全监测预警防范系统的结构②

　　甘南州作为甘肃省畜牧业基地和矿业基地，鉴于区域地貌状况的独特、地表植被状况较差、生态环境脆弱、气候环境敏感等特性，建立区域生态环境安全的预警防范系统就显得尤为重要。具体到甘南州生态环境安全监测预警防范系统的结构，主要包括气象、环境质量、水资源、森林防火等几个大的方面。

　　首先，要建立甘南州综合性的气象预警观测网络，提高极端天气气候事件的预警、预估能力。甘南州大部分气象台站预警监测自动化水平还很

---

　　① 赵伟民：《把握机遇，创新求实，迈好"十五"环境保护第一步——甘肃省环境保护局局长赵伟民在 2001 年全省环境保护工作会议上的报告摘录》，http://www.cqvip.com/qk/97251X/200102/5318740.html，2004 年 2 月 26 日。

　　② 国家环境保护局：《国家环境保护"十一五"科技发展规划》，http://www.lawyee.net/act/act_display.asp? rid =557791，2006 年 7 月 3 日。

低，观测的精度还很差，难以满足气候监测及预报准确率提高的需要；同时，该地区的气候监测网络，在监测内容上还很不完善，对高山、冰雪、冻土、沙尘及生态的综合观测业务仅处于很小范围的布点，为此甘南州各级气象部门要加强气象监测工作的科学化建设，认真研究、设计气象科技资源包括气象科学仪器设备资源，诸如气象探测遥感卫星、自动化的气候、生态监测仪器等和气象科技文献、气象科学数据等气象科技信息资源的共享，做好包括资金投入、体制建设、管理机构、法规制度等问题的顶层设计。

其次，应当加强甘南州环境质量自动监测监控网络建设，2010年年底前全面建成黄河甘南段出入境断面和加密的空气自动监测站、在线监测监控设施，实现全区环境质量和重点污染源污染物排放的实时动态监测监控。完善环境监测监控标准和技术规范，尽快统一环境监测监控系统的数据采集、传输、存储、处理和信息发布。实行空气质量环境质量定期报告制度，并逐步健全日报及预报系统。

再次，建立甘南州水资源的预警防范机制，要强化城镇集中饮用水源地水质监测，提高微量、有毒有害、有机污染物监测能力，逐步开展农牧业生态环境等监测业务。

最后，建立甘南州森林防火预警防范系统，要加强防火隔离带、防火物资储备库和指挥通信系统建设，不断提高防火减灾的能力，及早制定防火预案，掌握防火工作的主动权，落实草原防火责任制，明确相关部门和人员的责任，及时上岗到位，抓紧检修仪器设备，做好灭火救灾准备工作。

参考文献

一、著作类

1. 宋蜀华、陈克进：《中国民族概论》，中央民族大学出版社 2003 年版。

2. 彭英明、陈曼蓉、陶朝阳：《新编民族理论与民族问题教程》，中央民族大学出版社 1995 年版。

3. 林耀华：《民族学通论》，中央民族大学出版社 1997 年版。

4. 宋蜀华、白振声：《民族学理论与方法》，中央民族大学出版社 1998 年版。

5. 马戎：《民族与社会发展》，民族出版社 2002 年版。

6. 赵惠强、洪增林：《西部人文资源开发研究》，甘肃人民出版社 2002 年版。

7. 谢俊春、马克林：《西部人文环境开发研究》，甘肃人民出版社 2002 年版。

8. 高永久、马方：《当代甘肃民族社会问题》，民族出版社 1998 年版。

9. 戴维·波普诺：《社会学》，中国人民大学出版社 2001 年版。

10. 盖尔纳：《民族与民族主义》，中央编译出版社 2002 年版。

11. 赵曦：《21 世纪中国西部发展探索》，科学出版社 2002 年版。

12. 赵嘉文：《民族发展与社会变迁》，民族出版社 2001 年版。

13. 洲塔：《甘肃藏族部落的社会与历史研究》，甘肃民族出版社 1996 年版。

14. 金炳镐：《民族理论通论》，中央民族大学出版社 1994 年版。

15. 谭明华：《民族与发展》，中央民族大学出版社1993年版。

16. 杨士宏：《藏族传统法律文化研究》，甘肃人民出版社2004年版。

17. 南文渊：《高原藏族生态文化》，甘肃民族出版社2002年版。

18. 李振翼：《甘南藏区考古集萃》，民族出版社2001年版。

19. 吴仕民：《西部大开发与民族问题》，民族出版社2001年版。

20. 星全成、马连龙：《藏族社会制度研究》，青海民族出版社2000年版。

21. 徐晓光：《藏族法制史研究》，法律出版社2001年版。

22. 陈庆德：《经济人类学》，人民出版社2001年版。

23. 张其仔：《新经济社会学》，中国社会科学出版社2001年版。

24. 洪银兴：《可持续发展经济学》，商务印书馆2002年版。

25. 张琢：《发展社会学》，中国社会科学出版社1997年版。

26. 李振基：《生态学》，科学出版社2000年版。

27. 李博：《生态学》，高等教育出版社2000年版。

28. 周平：《民族政治学》，高等教育出版社2003年版。

29. 胡春田、巫和懋、霍德明、熊秉元：《经济学概论》，北京大学出版社2006年版。

30. 金瑞林：《环境与资源保护法学》，高等教育出版社1999年版。

二、期刊类

1. 金炳镐、熊坤新：《西部大开发中必须重视生态环境保护和建设》，载《人大报刊资料（民族问题研究）》2002年第7期。

2. 那日、严文：《西部地区自然资源产业化问题探讨》，载《中央民族大学学报（人文社会科学版）》2001年第1期。

3. 宋蜀华：《论中国的民族文化、生态环境与可持续发展的关系》，载《贵州民族研究》2002年第4期。

4. 刘鹤：《构建社会主义和谐社会的指导思想、目标任务和基本原则》，载《人民日报》2006年11月3日。

5. 徐黎丽：《论西北少数民族地区生态环境与民族关系问题》，载《西北民族研究》2004 年第 4 期。

6. 马平：《西部大开发对当地少数民族关系的影响及对策》，载《宁夏社会科学》2001 年第 2 期。

7. 马志荣、陈锦太：《西部民族地区生态环境恶化现状及保护对策探讨》，载《甘肃高师学报》2003 年第 1 期。

8. 王涪宁：《民族地区生态补偿及保障制度探析》，载《中央民族大学学报（哲学社会科学版）》2007 年第 2 期。

9. 乌力更：《试论生态移民工作中的民族问题》，载《内蒙古社会科学（汉文版）》2003 年第 7 期。

10. 李志刚、段焕娥：《西北高寒民族地区生态环境问题及农牧业发展》，载《地理科学》2005 年第 5 期。

11. 陈端吕：《生态承载力研究综述》，载《湖南文理学院学报（社会科学版）》2005 年第 4 期。

12. 倪绍龙：《试论民族地区生态环境与经济开发的协调发展》，载《贵州民族研究季刊》1997 年第 2 期。

13. 王允武：《完善自治法保障民族地区自然资源开发利用》，载《西南民族学院学报》1997 年第 4 期。

14. 邓艾：《可持续发展的草原生态经济模式》，载《西北民族学院学报（哲学社会科学版）》2002 年第 6 期。

15. 周国富：《生态安全与生态安全研究》，载《贵州师范大学学报（自然科学版）》2003 年第 3 期。

16. 才惠莲：《西部大开发与环境权探析》，载《中南民族大学学报（人文社会科学版）》2005 年第 6 期。

17. 张小罗、周训芳：《森林生态效益补偿机制与公民环境权保护》，载《林业经济问题》2003 年第 5 期。

18. 丁文英：《论民族自治地方自然资源开发与保护自治权》，载《内蒙古大学学报（人文社会科学版）》2004 年第 5 期。

19. 宋才发：《民族自治地方资源开发与保护自治权再探讨》，载《广西民族研究》2006 年第 3 期。

20. 傅剑清：《论代际公平理论对环境法发展的影响》，载《信阳师范学院学报（哲学社会科学版）》2003 年第 2 期。

21. 姜文来：《自然资源资产折补研究》，载《中国人口·资源与环境》2004 年第 5 期。

22. 敏生兰：《甘南藏族自治州致贫因素分析》，载《西北民族大学学报（哲学社会科学版）》2005 年第 1 期。

23. 张春花：《甘南生态环境建设的现状及对策》，载《甘肃高师学报》2007 年第 2 期。

24. 郭旭红：《我国西部地区生态环境建设问题的制约因素及对策》，载《青海民族研究》2007 年第 1 期。

25. 王守武：《甘南生态环境保护与经济发展》，载《甘肃民族研究》2002 年第 2 期。

26. 丹正嘉：《关于加强甘南草地生态建设的几点思考》，载《调查与研究》1999 年第 7 期。

27. 霍峰：《关于黄河首曲（玛曲县）生态环境保护形势与对策》，载《甘肃环境研究与监测》2001 年第 4 期。

28. 黄维：《西北地区沙暴的危害及对策》，载《干旱区资源与环境》1998 年第 3 期。

29. 罗发辉：《甘南牧区草原建设与发展畜牧业研究》，载《甘肃民族研究》1996 年第 3 期。

30. 毛显强、钟瑜、张胜：《生态补偿的理论探讨》，载《中国人口·资源与环境》2002 年第 1 期。

31. 曹凤中：《中国发生持久性环境危机的经济学分析》，载《陕西环境》2003 年第 9 期。

32. 时军：《环境规划法律制度在生态城市建设中的作用》，载《山西省政法管理干部学院学报》2006 年第 6 期。

33. 孙天华、刘晓茹、傅桦：《浅评我国生态环境监测现状》，载《首都师范大学学报（自然科学版）》2006 年第 3 期。

34. 张文海、张树礼：《内蒙古生态环境监测指标体系与评价方法研究初探》，载《内蒙古环境保护》2004 年第 3 期。

35. 黄国宝：《生态环境监测的重要技术手段——"3S"简介》，载《福建环境》2003 年第 5 期。

36. 陈建华、沙拜次力：《发挥资源优势加快甘南发展》，载《发展论坛》2004 年第 1 期。

37. 一迪：《生态移民的困惑》，载《华夏人文地理》2003 年第 10 期。

38. 杨小文：《不发达地区经济增长方式转变的特点和途径初探》，载《科学·经济·社会》1998 年第 1 期。

39. 傅家荣：《可持续消费的合理内涵及其实现对策》，载《经济问题》1998 年第 3 期。

40. 贾秀丽、张承元：《草原资源的合理开发利用》，载《国土与自然资源研究》2002 年第 3 期。

后　　记

历史经验告诉我们，生态兴则文明兴。环境适宜的长江、黄河流域孕育了辉煌的中华文明，生态较好的"两河"流域塑造了古巴比伦文明。反之，生态衰则文明衰。丝绸之路上的楼兰古国，随着生态环境的变迁，早已湮没在万顷流沙之中。

生态环境和自然资源是人类赖以生存和社会经济得以发展的基本条件和物质基础。但长期以来，人们普遍的"资源无价"观念使得人们在发展经济的过程中向自然界索取了过量的资源和能量，造成生态功能的严重退化和生态环境的严重破坏。在我国这样一个人口众多、人均资源稀缺的国度里，社会发展与资源、环境的矛盾显得尤为突出，为了解决这一矛盾，对生态环境进行建设、培育，加大其环境容量、增强其生态价值，决定了我国选择实行可持续发展战略措施的必然性。

本书是作者在博士学位论文基础上修改完成的。作者以甘南藏族自治州为例，在对该地区生态环境安全现状实地考察基础上，结合法学、民族学等相关学科基础理论，针对甘南州有关生态环境安全方面的法律制度、经济制度和行政管理制度提出了可行的完善建议，以供地方立法机关和相关政府部门借鉴。书中不妥之处，敬请读者赐教。

胡　珀

2010 年 10 月 12 日